电弧故障检测理论与实践

曲娜 著

吉林科学技术出版社

图书在版编目（ＣＩＰ）数据

电弧故障检测理论与实践 / 曲娜著. -- 长春：吉
林科学技术出版社，2023.7
　　ISBN 978-7-5744-0971-2

　　Ⅰ．①电… Ⅱ．①曲… Ⅲ．①电弧－故障－检测
Ⅳ．①TM507

中国国家版本馆 CIP 数据核字(2023)第 208106 号

电弧故障检测理论与实践

著　　　曲　娜
出 版 人　宛　霞
责任编辑　李玉玲
封面设计　张番设计
制　　版　张番设计
幅面尺寸　210mm×297mm
开　　本　16
字　　数　221 千字
印　　张　13
印　　数　1-1500 册
版　　次　2023年7月第1版
印　　次　2024年2月第1次印刷

出　　版　吉林科学技术出版社
发　　行　吉林科学技术出版社
地　　址　长春市福祉大路5788号
邮　　编　130118
发行部电话/传真　0431-81629529 81629530 81629531
　　　　　　　　　81629532 81629533 81629534
储运部电话　0431-86059116
编辑部电话　0431-81629518
印　　刷　三河市嵩川印刷有限公司

书　　号　ISBN 978-7-5744-0971-2
定　　价　96.00元

前　言

随着电能的广泛应用，生活中的电气负载变得越来越复杂，人们对于电能的依赖也达到了前所未有的程度。为了保证用电安全，电气设备制造业和电网企业对生活用电和生产用电提出了严格的要求，电气保护装置的设计和生产也如雨后春笋般快速发展，常见的电路保护装置从保险丝发展为漏电保护器、剩余电流探测器等。尽管如此，由于低压配电系统设备质量良莠不齐，以及人们用电知识的匮乏，导致不同程度的电路故障甚至电气火灾时有发生。应急管理部消防局于2022年2月公开的过去10年间全国居住场所火灾数据显示，从2012年到2021年，全国居住场所火灾总次数达132.4万起，造成11634人丧生，6738人受伤，直接财产损失77.7亿元。其中，42.7%的火灾是由电气原因引起的，电气火灾数量已成为各类火灾之首。因此，亟需采取有效措施，遏制电气火灾高发势头，以确保人民群众生命财产安全。

民用低压配电系统中存在电路环境恶劣、电气设备老化、绝缘材料破损等易引起电弧现象的故障。电弧故障发生时产生的瞬时高热和电火花可能引燃环境中的可燃物，造成电气火灾。美国消防安全部门的数据显示，自21世纪以来，民用低压配电系统中近40%的电气火灾是由电弧故障引起的。因此，精准、快速检测电弧故障对于降低低压配电系统电气火灾风险有重要的意义。

本书第1章介绍了电弧的基本理论。第2章和第3章分别从电弧故障实验和电弧故障仿真两个方面介绍电弧故障数据的采集方式。第4~9章提出了不同的电弧故障检测方法，并给出了仿真结果。第10章对火灾参量进行评价。第11章提出了一种基于模糊可变窗和稀疏表示的多参量火灾检测方法。我的研究生张帅、胡从强、郑天芳、江震、隋宇凡、韩磊、谭丽丽、魏文龙、张晗、时尚等同学在算法研究与实验中做了大量工作，在此对他们表示感谢！本书所涉及的研究工作得到了国家自然科学基金项目（61901283）和辽宁省自然科学基金（2023-MS-241）的资助，在此表示感谢。

本书只是起到抛砖引玉的作用，希望能为从事电弧故障及火灾检测方面研究的学者提供一些参考，进一步提高电弧故障检测的准确性，降低电气火灾风险。由于作者水平有限，书中难免有不妥之处，敬请各位读者给予指正。

曲娜

2023年2月于沈阳航空航天大学

作者简介

　　曲娜：博士，沈阳航空航天大学安全工程学院副教授，主持国家自然科学基金《复杂组合负载条件下室内配电系统串联电弧故障诊断》、辽宁省自然科学基金《复杂多类型电气故障火灾极早期检测与分类分级报警研究》、辽宁省经济社会发展研究课题《辽宁省电气火灾风险评价研究》、辽宁省教育厅科学研究项目《基于多源异类数据融合的火灾探测理论与技术研究》和沈阳市科技创新智库决策咨询课题《智慧家庭建设方案研究》等多项科研项目。发表学术论文 80 余篇，其中 SCI 期刊论文 10 余篇。主持和参与全国工程专业学位研究生教育研究课题、辽宁省普通高等教育本科教学改革研究项目、辽宁省高等教育研究"十三五"规划课题等多项教学改革研究项目。

目　录

第 1 章　绪论

1.1 电气火灾概述

随着经济的快速发展和人民生活水平的不断提高，用电设备在生产、生活中的种类和数量在不断增加，电力系统的规模和容量也在不断扩大。与此同时，发生电气火灾的风险也随之增大。根据国务院安全生产委员会在启动电气火灾综合治理行动时公布的数据，2011 年至 2016 年，我国共发生电气火灾 52.4 万起，造成 3261 人死亡、2063 人受伤，直接经济损失 92 亿余元，占全国火灾总量及伤亡损失的 30%以上；其中重特大电气火灾 17 起，占重特大火灾总数的 70%。为有效遏制电气火灾高发势头，确保人民群众的生命财产安全，国务院安全生产委员会决定在全国范围内组织开展为期 3 年（2017 年 5 月至 2020 年 4 月）的电气火灾综合治理工作[1]。但是，据应急管理部消防救援局网站公布，近年来电气火灾仍然继续强力影响火灾走势。2020 年，已查明原因的电气火灾共 8.5 万起，占火灾总数的 33.6%（因还有 1 万起火灾原因尚未查明，该比重还将更高），因电气原因引发的较大火灾占总数的 55.4%。2021 年，应急管理部消防救援局在"119"消防日发布了前 10 个月火灾形势报告，电气火灾仍高居榜首，占总数的 50.4%。因此，亟需采取有效措施，遏制电气火灾高发势头，确保人民群众生命财产安全。

电气火灾是从火源的角度命名的。电气火灾的火源主要有两种形式：一种是电火花与电弧，另一种是电气设备或线路上产生的危险高温。电弧会产生很高的温度，如 2～20A 的电弧电流就可产生 2000~4000℃的局部高温，0.5A 以上电弧电流就可以引发火灾。由于电弧本身阻抗较大，限制了短路电流的大小，常使过电流保护器拒动或不能在规定时间内动作，为引燃近旁的可燃物提供了充分的时间。电火花可以看成瞬间的电弧，其温度也很高，且极易产生。电弧与电火花除了可以直接引发火灾以外，还可使金属熔化、飞溅，飞溅到远处的高温熔融金属又成为火源，此种火源虽然是由电火花或电弧产生的次生火源，但火灾危险性并不小，在有些场所可能更危险。

根据事故统计和资料分析，对电气火灾的主要起因归纳如下[2][3]：

(1) 接触不良

在线路与线路、线路与设备端子、插头与插座、开关电器的触头间等导体相互接触处，或多或少都有一定程度的氧化膜存在。由于氧化膜的电阻率远大于导体的电阻率，因此在接触处会产生较大的接触电阻，当工作电流通过时，会在接触电阻上产生较大的热量，使连接处温度升高，高温又会使氧化进一步加剧，导致接触电阻进一步加大，形成恶性循环，可能产生高达千摄氏度以上的高温。该高温可能使附近的绝缘软化，造成线路短路而引发火灾，也可能直接烤燃附近的可燃物而引发火灾。还有一种接触不良是连接处的松动，在电磁力作用下形成机械振动，时而断开时而连通，产生打火现象，也可能引发火灾。

(2) 过电流

最典型的过电流类型包括过负荷和短路，还有谐振过电流、涌流过电流等。从程度上看，过负荷是较轻的过电流，短路是最为严重的过电流。过电流产生的热效应是电气火灾的直接或间接原因。

(3) 不稳定的短路或接地故障

不稳定的短路或接地故障指故障导体并未完全由金属性材料牢固连接，这种故障常有电弧产生，故有时又称电弧或弧光短路。弧光短路的特点是有较大的电弧阻抗，这个阻抗限制了短路电流的大小，常使过电流保护器拒动，或不能在规定时间内动作，从而使得电弧持续较长时间，给引燃周围可燃物创造了有利条件。

(4) 绝缘的局部缺陷或受损

当绝缘的局部受损时，该处的泄漏电流增大，而增大的泄漏电流产生的温升会使绝缘进一步受损。当泄漏电流达到一定程度时，就会拉起电弧或爆出电火花，从而引发火灾。

(5) 雷电与静电

雷电的弧光和高温可能直接引发火灾，防雷系统可能因为反击或感应电火花而引发火灾。

1.2 电弧定义与分类

1.2.1 电弧定义

电弧是气体放电的一种形式。在正常状态下，气体具有良好的电气绝缘性能。但在气体间隙的两端加上足够大的电场时，就可以引起电流通过气体，这种现象称为放电。放电现象与气体的种类和压力、电极的材料和几何形状、两极间的距离以及加在间隙两端的电压等因素有关。

电弧放电可分为 3 个区域：阴极区、弧柱区和阳极区。电弧的两个电极（阴极和阳极），也可认为是电弧的组成部分。电弧中的电流从微观上看是电子及正离子在电场作用下移动的结果，其中电子的移动构成电流的主要部分。阴极的作用是发射大量电子，在电场的作用下趋向阳极方向从而构成阴极区的电流。形成电弧放电的大部分电子是在阴极区产生或由阴极本身发射的。阴极发射电子的机制有两种：热发射和场致发射。阴极表面电子发射只形成阴极区的电流，弧柱部分导电在弧柱区域也能出现大量自由电子，这就需要使弧柱区的气体原子游离。气体原子游离的方式通常有电场游离和热游离两种。阳极可分为被动型和主动型两种。在被动型中，阳极只起收集电子的作用。在主动型中，阳极不但收集电子而且产生金属蒸气，因而也可以向弧柱提供带电粒子。在稳定电弧放电中，电离速度与去电离速度相同，形成电离平衡[4]。

1.2.2 电弧分类

根据不同原则，对于电弧有不同的分类方法[5][6]。

（1）按照电流种类分类，可分为直流电弧和交流电弧。直流电弧是指产生电弧的电路电源为直流。当直流电弧稳定燃烧时，电路仍是导通的，电弧中有电弧电流，电弧两端有电弧压降，如光伏发电系统中发生的电弧，笔记本电池、电动车电池等直流用电设备与电源适配器连接导线上产生的电弧。交流电弧是指产生电弧的电路电源为交流，如连接交流供电设备的供配电线、插座、开关及电磁炉、白炽灯等电器产生的电弧。交流电弧燃炽的过程与直流电弧的基本区别在于电流每半周要经过零值一次。电流经过零点时，弧隙的输入能量等于零，电弧的温度下降，是熄弧的有利条件。此时，交流电弧的能量比直流电弧的能量要小得多。因此，交流电弧的熄灭比直流电弧更容易。

（2）从危害角度分类，可分为"好弧"和"坏弧"。"好弧"是人为制造、正常操作或电器正常工作时所产生的电弧，如电弧焊、插拔电器、断合闸操作、电机运行中电刷与滑环的接触等产生的电弧。"坏弧"是非按人的意愿或控制产生的电弧，通常是由绝缘损坏或者老化、人为操作失误、自然灾害等原因引起的意外电弧，在本书中称为电弧故障。当电弧故障产生时，其中心温度高达3000~4000℃，并且伴有金属熔化物喷溅。电弧故障产生的高温高热，极易引燃线路绝缘层导致线路起火。如果在故障点附近存在可燃物，极易引燃可燃物而导致火灾的发生。

(3) 根据电弧故障发生位置，电弧故障可分为串联电弧故障、并联电弧故障和接地电弧故障。串联电弧故障是与负载串联的电弧故障，如图 1.1 (a) 所示。例如，一根破损的导线在外力作用下发生断裂，或者插头和插座连接不牢固而分离，都会产生串联故障电弧。串联电弧故障因受线路负载限制，其故障电流小，与电路正常工作电流相近，以致现有断路保护器无法实现对串联电弧故障进行保护，是现有电气保护体系的漏洞之一，存在潜在电气安全隐患。并联电弧故障是与负载并联的电弧故障，如图 1.1 (b) 所示。线对线电弧故障使电路形成了短路，电流较大，可以触发断路器的过电流保护而被检测出来。接地电弧故障是电弧电流从带电导体流入大地的电弧故障，如图 1.1 (c) 所示。只有当接地路径存在时才会发生，线路将出现电流不平衡，可通过断路器漏电保护检测出来。

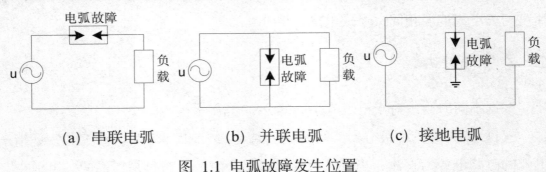

(a) 串联电弧　　　　　(b) 并联电弧　　　　　(c) 接地电弧

图 1.1 电弧故障发生位置

1.3 机器学习

自 20 世纪 80 年代进入机器学习的快速发展阶段以来，机器学习作为实现人工智能的主要途径之一，在人工智能界引起了广泛的兴趣。特别是近十几年来，机器学习领域的理论和方法已被广泛应用于解决工程应用和科学领域的复杂问题，成为人工智能的研究热点之一。机器学习是一种涉及众多领域的交叉学科，其核心思想涉及数学领域中的概率学、统计学、逼近理论等理论。机器学习旨在通过研究和模拟人类的学习行为并将其应用于计算机领域来实现数据的分类、拟合、预测等功能。机器学习是使计算机具备人工智能的根本方法。

如今的机器学习算法具备以下几个特点：其一，机器学习已不仅仅是计算机科学的衍生学科，它结合了生物科学、数学、自动化等多领域学科的知识而成了融合多学科知识的独特学科；其二，由机器学习衍生的多种算法正在逐渐结合以提高方法的算力，多种形式的集成学习方法正在兴起；其三，由于科学研究与工程研究都要通过数据对结果进行论证，因此机器学习方法正在向更广阔的领域发展；其四，有关机器学习的研究和学术活动空前活跃，由机器学习衍生的产品已经开始应用于生活，如人脸识别、大数据分析等[7]。如今，机器学习已经通过其科学准确的数据处理和数据分析能力而被广泛应用于工程领域的众多方面。本书使用多种机器学习算法实现串联电弧故障检测。

1.3.1 机器学习原理

机器学习是一类算法的总称，这些算法试图从大量历史数据中挖掘出其中隐含的规律，即根据给定已知训练样本求取系统输入输出之间依赖关系的估计并构建模型，然后对未知输出进行预测和分析[8]。大部分机器学习方法主要包括以下几个方面的工作：

（1）数据采集：通过测量、采样和量化，用矩阵或向量等表示图像或波形等就是数据采集的过程，数据的特性描述影响后续的特征选择和模型选择。

（2）特征提取：采集的数据量是相当大的，需要从中提取能够有效区别不同类别样本的特征。来自同一类别的不同样本的特征应该非常接近，而来自不同类别的样本的特征应该有很大差异。一般依据提取的特征来构成将要建立模型的训练样本集和测试样本集。

（3）模型选择：模型选择通常需要依据实际问题而定，针对不同的问题和任务选择合适理论方法建立模型，该理论方法对模型性能起着至关重要的作用，所以针对建立模型方法的研究成为机器学习的研究热点之一。

（4）模型训练与测试：首先利用训练样本对模型进行训练，目的是使其输出与预期结果的误差足够小；然后利用测试样本来测试模型的准确率是否达到要求。如果准确率达到要求，则可认为该模型是有效的，可以进一步应用。

1.3.2 主要机器学习算法

机器学习算法很多，如图 1.2 所示，这里简单介绍几种常用于分类问题的算法。

机器学习
- 回归算法
  - 线性回归
  - 逻辑回归
  - 多元自适应回归
- 基于实例的学习算法
  - K-邻近算法
  - 学习矢量化
  - 自组织映射算法
- 决策树算法
  - 分类和回归树
  - 随机森林
- 贝叶斯算法
- 基于核的算法
  - 支持向量机
  - 线性判别分析
- 聚类算法
  - K-均值
  - 分层聚类
- 神经网络
  - 前向传播算法
  - 反向传播算法
  - 深度学习
- 降维算法
  - 主成分分析法
  - 投影寻踪法
- 其他算法
  - 强化学习
  - 迁徙学习

图 1.2 机器学习主要方法举例

（1）人工神经网络算法：模拟人脑的微观生理级学习过程，以脑和神经科学原理为基础，以人工神经网络为函数结构模型，以数值数据为输入，以数值运算为方法，用迭代过程在系数向量空间中搜索，学习的目标为函数。典型的连接学习有权值修正学习、拓扑结构学习。该算法优点：①分类准确度高，学习能力强；②对噪声数据鲁棒性和容错性较强；③有联想能力，能逼近任意非线性关系。但是神经网络算法存在学习过程比较长，有可能陷入局部极小值的缺点。

（2）贝叶斯算法：将所有未知参数看成服从某种概率分布的随机变量，然后根据观测数据提供的样本信息，使用贝叶斯定理推导未知参数的后验分布。贝叶斯定理是贝叶斯算法的基础，描述了如何利用样本信息和先验知识计算未知参数的后验分布[9]。记 θ 表示总体分布参数，D 表示观测数据集。给定模型参数的先验分布 $p(\theta)$ 和似然函数 $p(D|\theta)$，模型参数的后验分布 $p(\theta|D)$ 为：

$$p(\theta \mid D) = \frac{p(\theta)p(D \mid \theta)}{p(D)} \qquad (1.1)$$

式中，$p(D) = \int p(\theta)p(D \mid \theta)d\theta$ 为边缘似然函数，度量了模型生成观察数据 D 的置信度，是进行模型选择的重要依据；先验 $p(\theta)$ 表示在没有观测数据 D 时模型参数 θ 服从的概率分布，是一种根据经验和分析得到的专家知识或者先验知识。贝叶斯方法适合具有丰富先验知识的应用。

（3）决策树算法：是一种类似于流程图的树结构，包含一个根节点、若干个中间节点和若干个叶节点。位于最顶层的节点是树的根节点，包含所有样本数据的集合[10]。从根节点开始进行分裂，分裂成各个中间节点。叶节点是树形结构中各个路径的最后一个节点，即位于树形结构底部的节点，叶节点会输出结果，该结果即为模型预测结果。根节点和中间对应于一个属性划分测试，根据测试结果划分到下个节点中。叶节点对应决策结果。决策树方法的优点：①易于理解和解释，可以可视化分析，容易提取出规则；②可以同时处理标称型和数值型数据；③比较适合处理有缺失属性的样本；④能够处理不相关的特征；⑤测试数据集时，运行速度比较快。决策树方法的缺点：①容易发生过拟合，但是随机森林可以很大程度上减少过拟合；②容易忽略数据集中属性的相互关联；③对于那些各类别样本数量不一致的数据，在决策树中，进行属性划分时，不同的判定准则会带来不同的属性选择倾向；④不支持在线学习，在有新样本以后，决策树需要全部重建。

（4）支持向量机算法：首先把数据映射到多维空间中以点的形式存在，其次找到能够分类的最优超平面，最后根据这个平面来分类。SVM 能对训练集之外的数据做很好的预测，泛化错误率低，计算开销小，结果易解释，但对参数调节比较敏感[11][12]。支持向量机算法特别适合小样本、非线性的二分类应用。

（5）稀疏表示算法：将测试样本在给定的稀疏域中表示成同类原子的线性组合形式，由于和测试样本同一类别的样本数量和总体样本的数量相比较少，所以可以大幅度降低信号的冗余成分，关键问题在于稀疏字典构建与优化求解算法的设计[13]。稀疏表示用于分类的核心思想是利用不同类别数据构建成训练样本，将测试样本在训练样本域下稀疏表示，并分别采用各类别子字典对测试样本进行稀疏重构，依据最小误差的判别条件实现分类。稀疏表示算法具有无须反复训练、准确率高的优势。

1.4 电弧故障引起火灾介绍

1.4.1 火灾分类

发生电弧故障时会引燃不同类型可燃物，从而产生不同类型火灾。

（1）A类火灾：指固体物质火灾。这种物质通常具有有机物质性质，一般在燃烧时能产生灼热的余烬。如木材、煤、棉、毛、麻、纸张等火灾。

（2）B类火灾：指液体或可熔化的固体物质火灾。如煤油、柴油、原油，甲醇、乙醇、沥青、石蜡等火灾。

（3）C类火灾：指气体火灾。如煤气、天然气、甲烷、乙烷、丙烷、氢气等火灾。

（4）D类火灾：指金属火灾。如钾、钠、镁、铝镁合金等火灾。

（5）E类火灾：指带电火灾。如物体带电燃烧的火灾。

（6）F类火灾：指烹饪器具内的烹饪物火灾。如动植物油脂火灾。

1.4.2 典型物质的燃烧产物

不同可燃物质的燃烧产物不同，具体燃烧产物如下[14]：

（1）高聚物的燃烧产物

有机高分子化合物（简称高聚物），主要是以煤、石油、天然气为原料制得的，如塑料、橡胶、合成纤维、薄膜、胶粘剂和涂料等。其中，塑料、橡胶和纤维是人们熟知的三大合成有机高分子化合物，其应用广泛而且容易燃烧。高聚物在燃烧（或分解）过程中，会产生 CO、NOS（氮氧化物）、HCl、HF、SO_2 及 $COCl_2$（光气）等有害气体，对火场人员的生命安全构成极大的威胁。

（2）木材和煤的燃烧产物

木材、煤等固体是火灾中最常见的可燃物质。它们是由多种元素组成的、复杂天然高聚物的混合物，成分不单一，并且是非均质的。

①木材的燃烧产物

木材的主要成分是纤维素、半纤维素和木质素，主要组成元素是碳、氧、氢和氮。各主要成分在不同温度下分解并释放挥发，一般半纤维素在 200~260℃时分解；纤维素在 240~350℃时分解；木质素在 280~500℃时分解。当木材接触火源时，加热到约 110℃时被干燥并蒸发出极少量的树脂；加热到 130℃时开始分解，产物主要是水蒸气和二氧化碳；加热到 220~250℃时开始变色并炭化，分解产物主要是一氧化碳、氢气和碳氢化合物；加热到 300℃以上，有形结构开始断裂，在木材表面垂直于纹理方向上木炭层出现小裂纹，使挥发物容易通过炭化层表面逸出。随着炭化深度的增加，裂缝逐渐加宽，结果产生"龟裂"现象。此时木材发生剧烈的热分解。表 1.1 列出了一般木材在不同温度下分解产生的气体组成。

表 1.1 一般木材在不同温度下分解产生的气体组成

温度/℃	气体成分（体积分数，%）				
	CO_2	CO	CH_4	C_2H_4	H_2
300	56.70	40.17	3.76	--	--
400	49.36	34.00	14.31	0.86	1.47
500	43.20	29.01	21.72	3.68	2.34
600	40.98	27.20	23.42	5.74	2.66
700	38.56	25.19	24.94	8.50	2.81

②煤的燃烧产物

煤主要由 C、H、O、N 和 S 等元素组成。一般情况下，煤受热低于 105℃时，主要析出其中的吸留气体和水分；200~300℃时开始析出气态产物如 CO、CO_2 等，煤粒变软成为塑性状态；300~550℃时开始析出焦油和 CH_4 及其同系物、不饱和烃及 CO、CO_2 等气体；500~750℃时，半焦开始热解，并析出大量含氢较多的气体；760~1000℃时，半焦继续热解，析出少量以氢为主的气体，半焦变成高温焦炭。煤热分解产生挥发分的组分及其含量主要取决于煤的炭化程度和温度。炭化程度加深，挥发析出量减少，但其中可燃组分含量却增多。加热温度越高，挥发分析出量就越多。

（3）金属的燃烧产物

金属燃烧通常热值大、温度高，某些金属燃烧时火焰具有不同颜色特征，见表 1.2。金属的燃烧能力取决于金属本身及其氧化物的物理、化学性质。根据熔点和沸点不同，通常将金属分为挥发金属和不挥发金属。挥发金属（如 Li、Na、K 等）在空气中容易着火燃烧，熔融成金属液体，它们的沸点一般低于其氧化物的熔点（K 除外），因此在其表面能够生成固体氧化物。由于金属氧化物的多孔性，金属继续被氧化和加热，经过一段时间后，金属被熔化并开始蒸发，蒸发出的蒸气通过多孔的固体氧化物扩散进入空气。不挥发金属因其氧化物的熔点低于金属的沸点，在燃烧时熔融金属表面形成一层氧化物。这类金属在粉末状、气溶胶状、刨花状时在空气中燃烧进行得很激烈，并且不生成烟。

表 1.2 金属燃烧时火焰颜色

金属名称	Na	K	Ca	Ba	Sr	Cu	Mg
火焰颜色	黄色	紫色	砖红色	绿色	红色	蓝色	白色

1.4.3 燃烧产物的危害性

燃烧产物中含有大量的有毒气体成分，如 CO、HCN、SO_2、NO_2 等。这些气体均对人体有不同程度的危害。火灾死亡人员中有大约 75%是由于吸入毒性气体而致死的。常见的有害气体的来源、生理作用及致死浓度见表 1.3。

表 1.3 常见的有害气体的来源、生理作用及致死浓度

来源	主要的生理作用	短期（10min）估计致死浓度（ppm）
纺织品、聚丙烯腈尼龙、聚氨酯等物质燃烧时分解出的氰化氢（HCN）	一种迅速致死、窒息性毒物	350
纺织物燃烧时产生二氧化氮（NO_2）和其他氮的氧化物	肺的强刺激剂，能引起即刻死亡及滞后性伤害	200
由木材、丝织品、尼龙燃烧产生的氨气（NH_3）	强刺激性，对眼、鼻有强烈刺激作用	1000
PVC 电绝缘材料，其他含氟高分子材料及阻燃处理物热分解产生的氯化氢（HCL）	呼吸刺激剂，吸附于微粒上的 HCl 的潜在危险性较之等量的 HCl 的气体要大	500，气体或微粒存在时
氟化树脂类及某些含溴阻燃材料热分解产生的含卤酸气体	呼吸刺激剂	约 400（HF）约 100（COF_2）500（HBr）
含硫化合物及含硫物质燃烧分解产生的二氧化硫（SO_2）	强刺激剂，在远低于致死浓度下即使人难以忍受	500
由聚烯烃和纤维素低温热解（400℃）产生的丙醛	潜在的呼吸刺激剂	30~100

二氧化碳和一氧化碳是燃烧产生的两种主要燃烧产物。其中，二氧化碳虽然无毒，但达到一定的浓度时，会刺激人的呼吸中枢，导致呼吸急促、烟气吸入量增加，还会引起头痛、神志不清等症状。而一氧化碳是火灾中致死的主要燃烧产物之一，其毒性在于对血液中血红蛋白的高亲和性，其对血红蛋白的亲和力比氧气高出 250 倍，能够阻碍人体血液中氧气的输送，引起头痛、虚脱、神志不清等症状和肌肉调节障碍等。表 1.4 为一氧化碳对健康成年人的影响。

表 1.4 一氧化碳对人的影响

CO 浓度/ppm	对人的影响
200	2~3 小时后，轻微头痛、乏力
400	1~2 小时内前额痛；3 小时后威胁生命
800	45 分钟内眼花、恶心、痉挛；2 小时内失去知觉；2~3 小时内死亡
1600	20 分钟内头痛、眼花、恶心；1 小时内死亡
3200	5~10 分钟内头痛、眼花、恶心；25~30 分钟内死亡
6400	1~2 分钟内头痛、眼花、恶心；10~15 分钟死亡
12800	1~3 分钟内死亡

除毒性之外，燃烧产生的烟气还具有一定的减光性。通常可见光波长 (λ) 为 0.4~0.7μm，一般火灾烟气中的烟粒子粒径 (d) 为几微米到几十微米，由于 d>2λ，故烟粒子对可见光是不透明的。火场上弥漫烟气，会严重影响人们的视线，使人们难以辨别火势发展方向和寻找安全疏散路线。同时，烟气中有些气体对人的眼睛有极大的刺激性，引发眼部疾病。

1.5 参考文献

[1] 马松涛. 触目惊心的数字 – 电气火灾成因解读[J]. 中国消防, 2017(16): 16-20.

[2] 杨岳. 电气安全[M]. 北京: 机械工业出版社, 2017.

[3] 齐梓博, 高伟. 浅谈电弧故障预防技术的发展[C]. 中国消防协会电气防火专业委员会电气防火学术研讨会, 2010: 139-142.

[4] 王其平. 电器电弧理论[M]. 北京: 机械工业出版社, 1982.

[5] 刘华. 串联型故障电弧信号的研究与诊断[D]. 河北工业大学, 2014.

[6] 余琼芳. 基于小波分析及数据融合的电气火灾预报系统及应用研究[D]. 燕山大学, 2013.

[7] 周志华. 机器学习[J]. 北京: 清华大学出版社, 2016.

[8] 蒋生强. 高效支持向量机的研究与实现[D]. 成都: 电子科技大学, 2019.

[9] 江兵兵. 基于贝叶斯方法的半监督学习算法研究[D]. 合肥: 中国科技大学, 2019.

[10]张兰兰. 决策树及增强算法在实际问题中的应用[D]. 大连: 大连理工大学, 2018.

[11]Cortes C, Vapnik V. Support-vector networks[J]. Machine Learning, 1995, 20(3): 273-297.

[12]郭晨晨. 支持向量机算法的若干改进及其研究[D]. 临汾: 山西师范大学, 2018.

[13]任帮月.基于稀疏表示的机械故障特征提取与诊断方法研究[D]. 北京: 北京化工大学, 2019.

[14]吴龙标, 袁宏永, 疏学明. 火灾探测与控制工程[M]. 合肥: 中国科学技术大学出版社, 2013, 87-91.

第 2 章　电弧故障实验

由于电弧故障发生的位置和燃烧的强度是未知的，很难利用声、光、热、电压等信号检测出电弧故障，因此选择电流作为电弧故障的检测信号。由于配电系统中有不同的负载类型，因此电路电流在电弧故障状态和正常工作状态均会呈现不同的特点。线性负载电路发生电弧故障时，电流自然过零前后一段时间内，弧隙电阻变得相当大，以致成为限制电流值的主要因素。所以在电流前半周期结束和下半周期开始时，电弧中电流一般不按照正弦波变化，而是按电弧电压与电弧电阻的比值变化。在电流自然过零前的一小段时间内，电流被电弧电阻限制得很小，近似或等于零。同样在下一个半周期开始时也如此。因此，在电流自然过零前后一小段时间内，电流近似等于零，这段时间被称为电流的零休现象。线性负载电路可以通过时域电流波形的"零休现象"来检测电弧故障。然而，在非线性负载电路（如负载为计算机）正常工作时，时域电流波形也会出现类似的"零休现象"。所以非线性负载电路不能通过电流的"零休现象"来判断是否发生电弧故障，需要进一步对其时域和频域特征进行分析。

本章根据 UL1699 国际标准选择日常生活和工作中常用的电器作为负载，分别利用实验法和电弧模型仿真法获取不同负载电路的正常工作电流和电弧故障电流，并通过傅里叶变换，得到电流频谱。对正常工作电流和电弧故障电流的时、频域特征进行对比研究，时域特征研究主要包括对电流平均值、电流极差值、相邻区间电流差均值和电流方差值的研究，频域特征分析主要是对 10 个等长区间的平均幅值和频谱分布特点的研究，从而明确电弧故障时的电流特征，作为检测电弧故障的依据。

2.1 实验平台设计

电弧故障模拟实验平台主要包括电弧故障发生装置、负载、220V 交流市电、数据采集装置等[1]。电弧故障模拟实验平台原理如图 2.1 所示，电弧故障模拟实验平台实物图如图 2.2 所示。

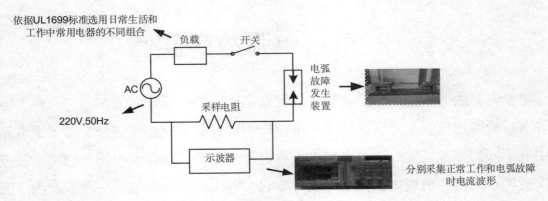

图 2.1 电弧故障模拟实验平台原理

图 2.2 电弧故障模拟实验平台实物图

电弧故障发生装置主要由固定碳棒电极、移动金属电极、绝缘滑块、绝缘夹钳、横向调节装置以及固定绝缘底座等组成。根据标准，固定石墨电极采用直径为 6.4mm 的碳棒，移动金属电极采用直径为 10mm 的铜棒，铜棒触点削尖，削尖部位锥形长度在 10.2~25.4mm 范围内，如图 2.3 所示。

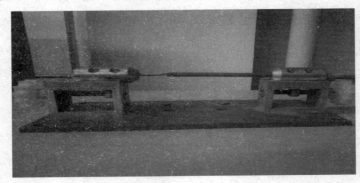

图 2.3 电弧故障发生装置

实验选用泰克数字存储示波器 TDS1001C-SC 和 TPP0101 10X 无源电压探头，采样时间为 $4×10^{-4}$s，通过采样电阻法，获得电路电流波形。采样电阻根据不同负载而选择不同的阻值，如表 2.1 所示。采样电阻法无须购买昂贵的电流探头，并能满足电流检测需求。

表 2.1　负载类型及对应的采样电阻

负载类型	负载	采样电阻
阻性负载	白炽灯	100 Ω
阻感性负载	白炽灯、电感串联	100 Ω
直流电机负载	电吹风	50 Ω
单相串励电机负载	手电钻	50Ω
涡流负载	电磁炉	1 Ω
开关电源负载	计算机	50 Ω

2.2 电流采集实验

时域电流信号可以通过傅里叶变换被分解为三角函数的线性组合，得到电流幅值频谱，如式（2.1）。

$$f(t) = a_0 + \sum_{n=1}^{\infty} [a_n \cos(n\omega_1 t) + b_n \sin(n\omega_1 t)] \tag{2.1}$$

式　中，　　$a_0 = \dfrac{1}{T} \int_{t_0}^{t_0+T_1} f(t)dt$　　　　　$a_n = \dfrac{2}{T_1} \int_{t_0}^{t_0+T_1} f(t)\cos(n\omega_1 t)dt$　　　，

$b_n = \dfrac{2}{T_1} \int_{t_0}^{t_0+T_1} f(t)\sin(n\omega_1 t)dt$ ，$n=1, 2, 3\cdots$。

式（2.1）可以转化为式（2.2）。

$$f(t) = d_0 + \sum_{n=1}^{\infty} d_n \sin(n\omega_1 t + \theta_n) \tag{2.2}$$

式中，$d_0 = a_0$，$d_n = \sqrt{a_n{}^2 + b_n{}^2}$，$\theta_n = \arctan \dfrac{a_n}{b_n}$。电流幅值频谱横坐标为

$n\omega_1$，纵坐标为 d_n。

2.2.1 阻性负载

阻性负载选择"220V，100W"白炽灯，采样电阻采用 100Ω，正常工作电流波形如图 2.4 所示，电弧故障电流波形如图 2.5 所示。时域电流波形在电弧故障时，出现明显的"零休现象"。通过电流幅值频谱可以看出，在电弧故障时出现明显的高次谐波[2]-[4]。

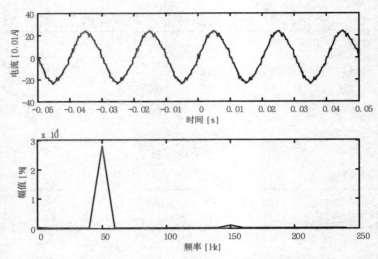

图 2.4 负载为白炽灯的正常工作电流 (a) 时域波形 (b) 幅值频谱

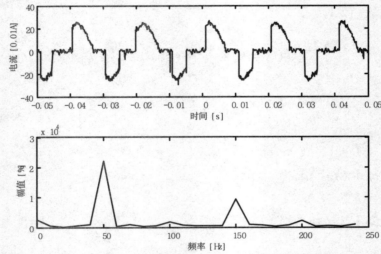

图 2.5 负载为白炽灯的电弧故障电流 (a) 时域波形 (b) 幅值频谱

2.2.2 阻感性负载

大多数家电为大电阻和小电感的阻感性负载，实验选择"20V，100W"白炽灯和 22mH 电感串联，采样电阻采用 100Ω。正常工作电流波形如图 2.6 所示，电弧故障电流波形如图 2.7 所示。时域电流波形在电弧故障时，明显不稳定，且幅值增加。通过电流幅值频谱可以看出，在电弧故障时出现高次谐波，且幅值增加。

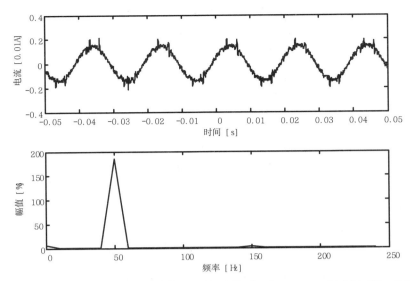

图 2.6 负载为白炽灯和电感串联的正常工作电流 (a) 时域波形 (b) 幅值频谱

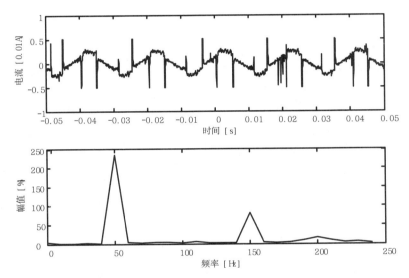

图 2.7 负载为白炽灯和电感串联的电弧故障电流 (a) 时域波形 (b) 幅值频谱

2.2.3 直流电机负载

直流电机负载选择电吹风高档位, 采样电阻为 50Ω, 正常工作电流波形如图 2.8 所示, 电弧故障电流波形如图 2.9 所示。时域电流波形在电弧故障时, 出现 "零休现象"。通过电流幅值频谱可以看出, 在电弧故障时出现高次谐波。

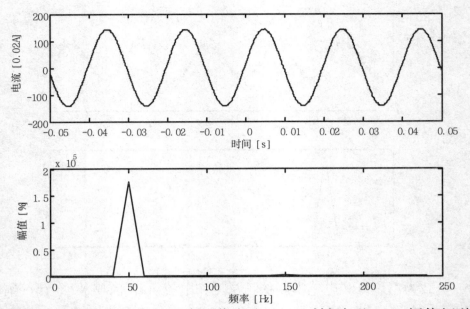

图 2.8 负载为电吹风的正常工作电流 (a) 时域波形 (b) 幅值频谱

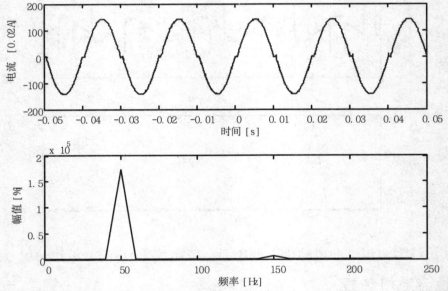

图 2.9 负载为电吹风的电弧故障电流 (a) 时域波形 (b) 幅值频谱

2.2.4 单相串励电机

单相串励电机负载选择手电钻，采样电阻为 50Ω，正常工作电流波形如图 2.10 所示，电弧故障电流波形如图 2.11 所示。电弧故障时，时域电流波形出现明显零休。通过电流幅值频谱可以看出，在电弧故障时出现高次谐波。

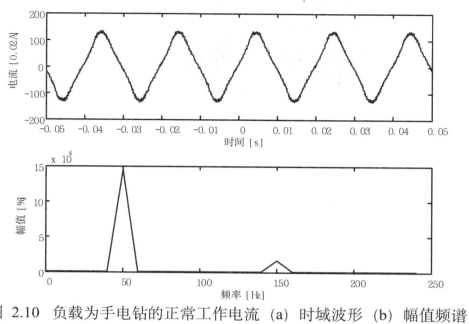

图 2.10　负载为手电钻的正常工作电流 (a) 时域波形 (b) 幅值频谱

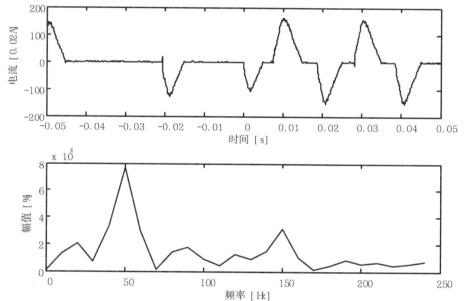

图 2.11　负载为手电钻的电弧稳定燃烧时电流 (a) 时域波形 (b) 幅值频谱

2.2.5 涡流负载

涡流负载选择电磁炉，采样电阻 1Ω，正常工作电流波形如图 2.12 所示，电弧故障电流波形如图 2.13 所示。电弧故障时，时域电流波形幅值增加，且不规则。通过电流幅值频谱可以看出，在电弧故障时出现高次谐波，且幅值在 150Hz 时变为最大。

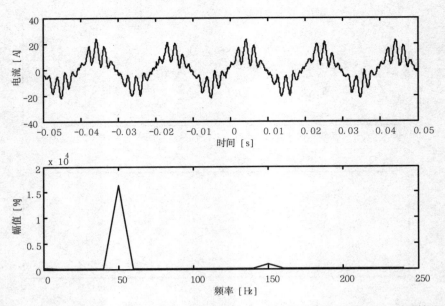

图 2.12 负载为电磁炉的正常工作电流 (a) 时域波形 (b) 幅值频谱

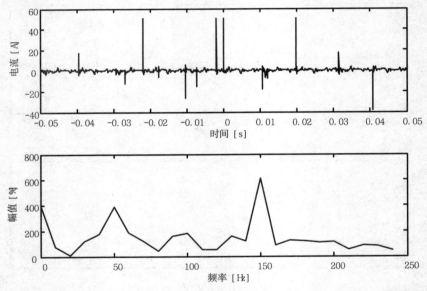

图 2.13 负载为电磁炉的电弧稳定燃烧时电流 (a) 时域波形 (b) 幅值频谱

2.2.6 开关电源负载

开关电源负载选择计算机，采样电阻为 50Ω，正常工作电流波形如图 2.14 所示，电弧故障电流波形如图 2.15 所示。正常工作时，时域电流波形出现类似于电阻等负载电弧故障电流波形中的"零休现象"。电弧故障时，时域电流波形变得非常不规则，大部分时间电流接近于零，幅值振荡增大。电流幅值频谱在电弧故障时出现高次谐波。

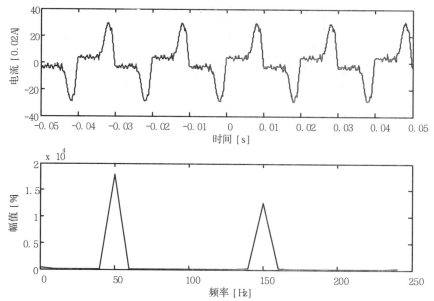

图 2.14　负载为计算机的正常工作电流　(a) 时域波形　(b) 幅值频谱

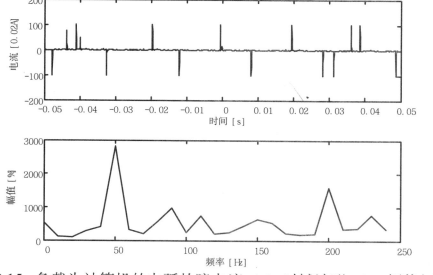

图 2.15　负载为计算机的电弧故障电流　(a) 时域波形　(b) 幅值频谱

2.3　电流时域特征

在时间域中，采样时间为 4×10⁻⁴s，一个电流周期为 0.02s（交流电频率为 50 Hz），因此一个周期可以采集 50 个电流数据。将一个周期的电流数据划分为 10 个等长的时间段，一个周期的 10 段数据不仅反映了原始数据的主要信息，而且避免了大量的计算，保证了实时性。为了使每个数据点能够表达相同的信息，因此每个时间段的长度是相等的，也就是将 50 个电流数据平均分为 10 组，每组 5 个数据。对电流时域特征进行分析时，提取电流在每个时间段的 4 个时域特征，即电流平均值、电流极差值、相邻区间电流差均值和电流方差值。其中，电流平均值、电流极差值和电流方差值在每个时间段分别对应于的 1 个数据，一个周期可提取 10 个数据。差分平均值是相邻时间区间内对应电流值之差的平均值，在一个周期内可以提取 9 个数据[5]-[9]。

2.3.1 电流平均值

电流平均值表示每段时间区间内电流的平均值，计算公式如式 (2.3) 所示。

$$I_{ave} = \frac{1}{n} \sum_{i=1}^{n} I_i \tag{2.3}$$

式 (2.3) 中，I_{ave} 表示电流平均值；n 表示一段时间区间内采集的电流数据个数，为 5；I_i 表示该时间区间内的第 i 个电流值。电流平均值可以表示出电流值的大小在时域上的整体分布，同时可以有效减少个别异常电流值（例如某一点电流值过大或者过小）对整个时间域上电流值分布的影响。图 2.16 分别是负载为白炽灯、白炽灯和电感串联、电吹风、手电钻、电磁炉、计算机的正常工作和电弧故障时的电流均值。可以看出，负载为白炽灯和电吹风时，正常电流平均值和故障电流平均值波形比较接近；其他负载时，正常电流平均值和故障电流平均值波形差别较大。

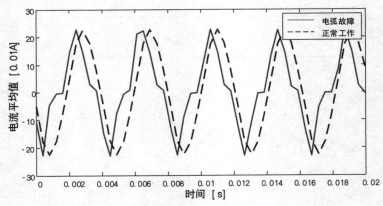

(a) 负载为白炽灯

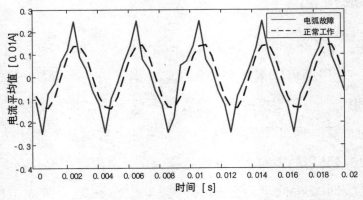

(b) 负载为白炽灯和电感串联

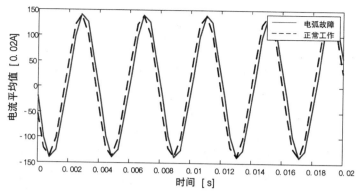

（c）负载为电吹风

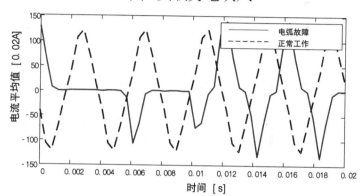

（d）负载为手电钻

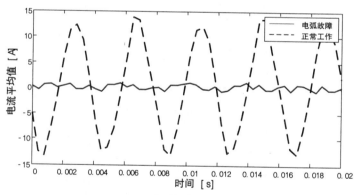

（e）负载为电磁炉

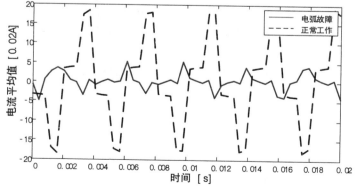

（f）负载为计算机

图 2.16 电流平均值

2.3.2 电流极差值

电流极差值表示每段时间区间内电流最大值和最小值的差值，由式（2.4）确定。

$$I_{ran} = I_{max} - I_{min} \qquad (2.4)$$

式中，I_{ran} 表示电流极差值；I_{max} 表示一段时间区间内电流最大值；I_{min} 表示一段时间区间内电流最小值。电流极差值可以提取出时域内的电流信号突变量，反映某一时间区间内电流值的变化量。

图 2.17 分别是负载为白炽灯、白炽灯和电感串联、电吹风、手电钻、电磁炉、计算机正常工作时和电弧故障时的电流极差值。可以看出，无论何种负载，正常电流极差值和电弧故障电流极差值波形差别都很大。

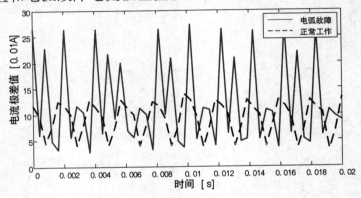

(a) 负载为白炽灯

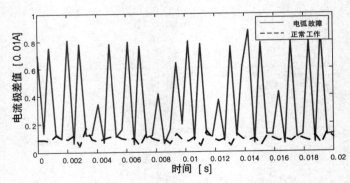

(b) 负载为白炽灯和电感串联

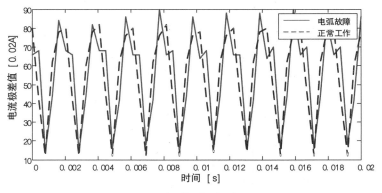

(c) 负载为电吹风

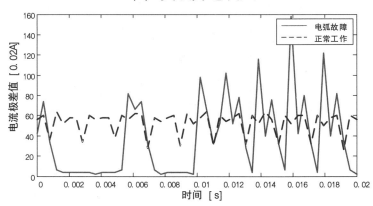

(d) 负载为手电钻

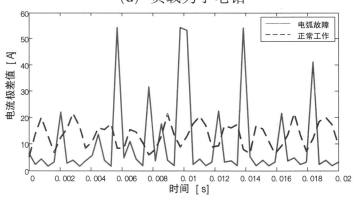

(e) 负载为电磁炉

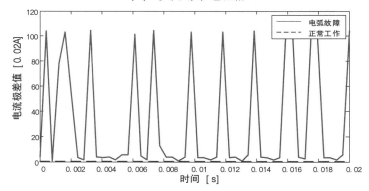

(f) 负载为计算机

图 2.17 电流极差值

2.3.3 相邻区间电流差均值

该特征表示相邻时间区间内对应电流值之差的平均值，如式 (2.5) 所示。

$$I_D = \frac{1}{n}\sum_{i=1}^{n}(I_{i+n} - I_i) \tag{2.5}$$

式中，I_D 表示相邻区间电流差的均值；I_i 表示一个时间区间内第 i 个电流值；I_{i+n} 表示下一个时间区间内对应位置的电流值。相邻区间电流差均值可以反映出电流值在相邻两个时间区间的变化。

图 2.18 分别是负载为白炽灯、白炽灯和电感串联、电吹风、手电钻、电磁炉、计算机的正常工作和电弧故障时的相邻区间电流差均值。可以看出，只有负载为电吹风时，正常电流差均值和故障电流差均值波形比较接近；其他负载时的正常电流差均值和故障电流差均值波形差别都很大。

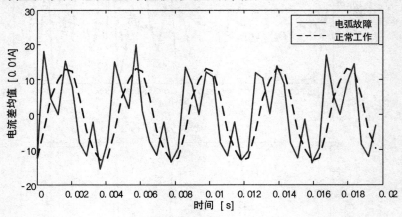

(a) 负载为白炽灯

(b) 负载为白炽灯和电感串联

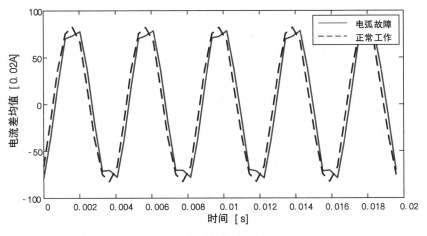

（c）负载为电吹风

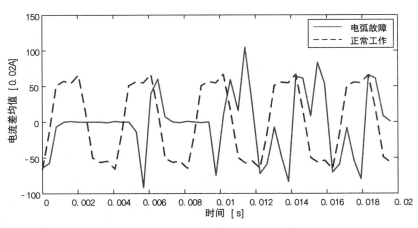

（d）负载为手电钻

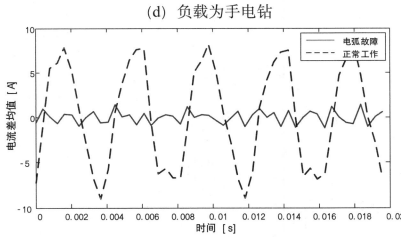

（e）负载为电磁炉

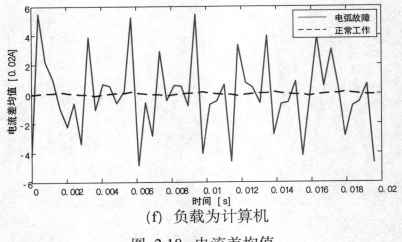

(f) 负载为计算机

图 2.18 电流差均值

2.3.4 电流方差值

电流方差值指一个时间区间内电流的方差值，该指标可以表示电流变化的幅度大小，如式 (2.6) 所示。

$$I_{var}=var(I_1, I_2, \cdots, I_n) \tag{2.6}$$

式中，var 表示取一组数据的方差值；$I_1, I_2, \cdots, I_n$ 表示一段时间区间内的所有电流值。电流方差值表示每段时间区间内电流幅值的离散程度。

图 2.19 分别是负载为白炽灯、白炽灯和电感串联、电吹风、手电钻、电磁炉、计算机的正常工作和电弧故障时的电流均值。可以看出，只有负载为电吹风时，正常电流方差波形和故障电流方差波形比较接近；其他负载时的正常电流方差波形和故障电流方差波形差别都很大。

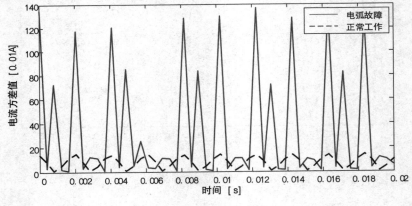

(a) 负载为白炽灯

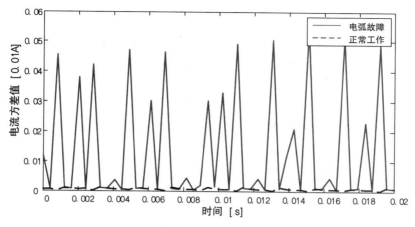

（b）负载为白炽灯和电感串联

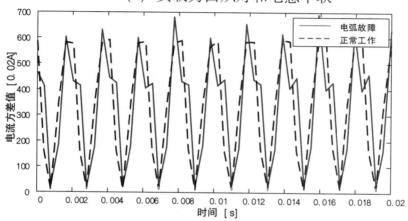

（c）负载为电吹风

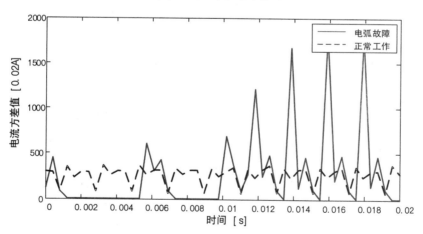

（d）负载为手电钻

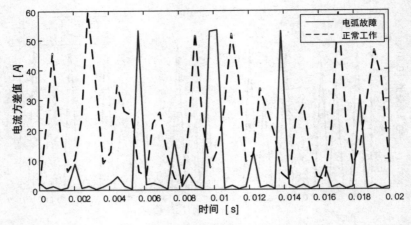

(e) 负载为电磁炉

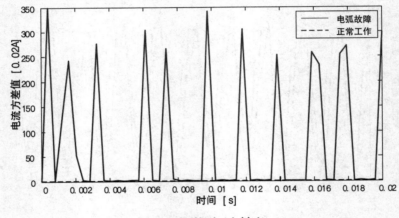

(f) 负载为计算机

图 2.19 电流方差值

2.4 电流频域特征

利用快速傅里叶变换得到电流幅值频谱，选取 0~2000Hz 频率范围。因为交流电频率为 50 Hz，所以能够得到 40 个电流幅值。将 0~2000Hz 频率范围平均分为 10 个等长的区间，每个区间长度为 200Hz，包括 4 个电流幅值数据。取 4 个电流幅值数据的平均值作为该区间内的频率特征，则 0~2000Hz 频率范围共可以提取 10 个特征值。将 10 个特征值连线如图 2.20 所示。可以看出，负载为电吹风时，正常工作电流和电弧故障电流的频域特征区别不明显；其余负载类型时，正常工作电流和电弧故障电流的频域特征均有较大差别。

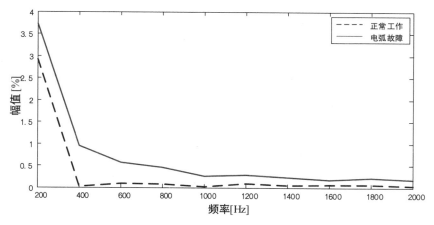

（a）负载为白炽灯

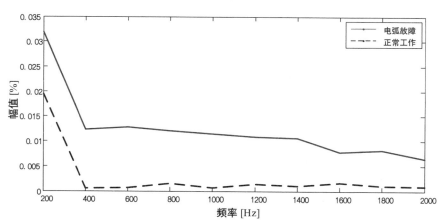

（b）白炽灯和电感串联

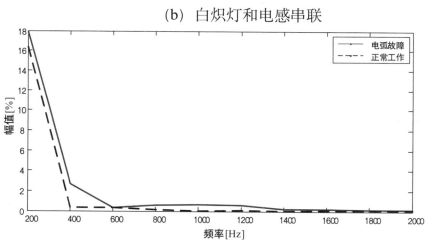

（c）负载为电吹风

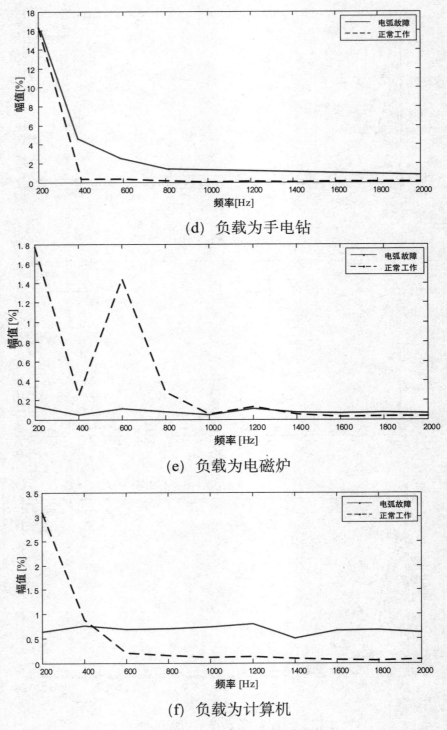

(d) 负载为手电钻

(e) 负载为电磁炉

(f) 负载为计算机

图 2.20 电流频域特征

2.5 本章小结

本章分别利用实验法对室内低压配电系统的正常工作状态和串联电弧故障状态进行模拟，采集电流数据，利用快速傅里叶变换得到幅值频谱，对电流时频域特征进行研究，具体工作如下：

（1）设计了串联电弧故障模拟实验平台，主要包括电弧故障发生装置、负载、220V 交流市电、数据采集装置等。实验负载的选择为室内低压配电系统中常用的负载类型：阻性负载、阻感性负载、直流电机负载、串激电机负载、涡流负载、开关电源负载。

（2）利用实验平台采集电流数据，时域电弧故障电流波形在白炽灯负载、电吹风负载、手电钻负载条件下出现"零休现象"。负载为计算机时，正常工作电流也会出现类似于零休的现象。白炽灯电感串联负载在电弧故障时，"零休现象"不明显。通过傅里叶变换得到电流幅值频谱，在不同负载条件下，电弧故障时的幅值频谱均出现高次谐波且与正常工作时的幅值频谱具有不同的分布特点。

（3）对电流平均值、电流极差值、相邻区间电流差均值和电流方差值 4 个时域特征进行分析，这些特征可以全面反映电流时域波形的特点。对频域特征中电流频谱平均幅值进行分析，幅值频谱低频段中，当负载为白炽灯、白炽灯电感串联、手电钻和计算机时，电弧故障电流平均幅值大于正常工作平均幅值；当负载为电磁炉时，电弧故障电流平均幅值小于正常工作平均幅值；当负载为电吹风时，电弧故障电流平均幅值接近于正常工作平均幅值。在频谱高频段中，所有负载电路电弧故障电流频谱平均幅值均大于正常工作平均幅值。通过分析可以得到的结论是，电弧故障电流频谱含有更多的高次谐波。

2.6 参考文献

[1] Standard for Arc-Fault Circuit Interrupters, UL Standard 1699, Apr. 2006.

[2] 孙鹏, 郑志成, 闫荣妮. 采用小波熵的串联型故障电弧检测方法[J]. 中国电机工程学报, 2010, 30: 232-236.

[3] 余琼芳. 基于小波分析及数据融合的电气火灾预报系统及应用研究[D]. 燕山大学, 2013: 1-26.

[4] Na Qu, Jianhui Wang, Jinhai Liu. An arc fault detection method based on current amplitude spectrum and sparse representation[J]. IEEE Transactions on instrumentation and measurement, 2019, 68(10): 3785-3792.

[5] HETYMANNSEDER E, ZUERCHER, HASTINGS J K. Method for Realistic Evaluation of Arc Faults Detection Performance[C]. 21st International Conference on Electrical Contacts, 2002: 296-302.

[6] Na Qu, Jiankai Zuo, Jiatong Chen, Zhongzhi Li. Series arc fault detection of indoor

power distribution system based on LVQ-NN and PSO-SVM[J]. IEEE access, 2019, 7: 184020-184028.

[7] 刘华. 串联型故障电弧信号的研究与诊断[D]. 河北工业大学, 2013: 7-23.

[8] 范可. 电气火灾故障电弧探测器的研究[D]. 武汉理工大学, 2013: 11-24.

[9] Kostyantyn Koziy, Bei Gou. A Low-Cost Power-Quality Meter With Series Arc-Fault Detection Capability for Smart Grid[J]. IEEE Transactions on Power Delivery, 2013, 28(3): 1584-1591.

第 3 章　电弧故障仿真

　　研究电弧数学模型，可以更加清楚地了解电弧的物理本质，通过仿真电路可以获取电弧故障电流，对于电弧故障的检测起到积极作用。Cassie 电弧模型和 Mayr 电弧模型是最早提出的电弧模型，均为黑盒模型，仅与输入和输出量有关。黑盒模型可以研究故障时电弧和电路之间的相互作用。在 Cassie 电弧模型和 Mayr 电弧模型的基础上，又提出了 Habedank 电弧模型、改进的 Mayr 电弧模型、Schavemaker 电弧模型、Kema 电弧模型等。本章以 Cassie 电弧模型为例，对不同类型负载电路进行仿真，得到正常工作和电弧故障的电流波形，并利用快速傅里叶变换得到电流幅值频谱，进行对比分析。

3.1 电弧模型介绍

3.1.1 Cassie 电弧模型

　　1939 年，Cassie 提出电弧具有圆柱气体通道，且截面温度均匀分布。通道界限明确，界限以外阻抗相当大，电弧的温度在空间和时间上均不变。在工频电流中，电弧电压梯度保持常数，能量和能量散出的速度与弧柱横截面的变化成正比。能量的散出是由于气流或与气流有关的弧柱变形过程所造成的[1]。Cassie 电弧模型的动态方程如式（3.1）所示。

$$\frac{1}{g}\frac{dg}{dt}=\frac{d\ln g}{dt}=\frac{1}{\tau}\left(\frac{u^2}{U_C^2}-1\right) \tag{3.1}$$

　　式中，g 为电弧电导；u 为电弧电压；τ 为电弧时间常数；U_C 为电弧电压常量。

3.1.2 Mayr 电弧模型

　　1943 年，Mayr 提出假设电弧具有一个圆柱形气体通道的形状，其直径是恒定的，从电弧间隙散出的能量是常数，能量的散出是依靠热传导和径向扩散的作用，也就是说电弧温度随着离电弧轴心的径向距离和时间而改变。Mayr 电弧模型的动态方程如式（3.2）所示。当电弧功率大于散热功率时，电弧温度将升高，热游离加强，电弧电导 g 有增加的趋势。由于电弧有热惯性，即有时间常数，使得电弧升温或电弧电导 g 的增加趋于缓慢。Mayr 方程比较适用于小电流，包括零区的电弧过程。

$$\frac{1}{g}\frac{dg}{dt} = \frac{d\ln g}{dt} = \frac{1}{\tau}(\frac{ui}{P}-1) \qquad (3.2)$$

式中，g 为电弧电导；u 为电弧电压；τ 为电弧时间常数；i 为电弧电流，P 为冷却能量。

3.1.3 Habedank 电弧模型

针对Cassie电弧模型主要适用于电流过零前大电流期间，Mayr电弧模型主要适用于电流过零时的小电流期间的特点，Habedank对Cassie模型和Mayr模型进行了合并，将二者串联成一个电弧模型，其数学模型如式（3.3）所示。

$$\frac{dg_c}{dt} = \frac{1}{\tau_c}(\frac{u^2 g^2}{U_c^2 g_c} - g_c)$$

$$\frac{dg_m}{dt} = \frac{1}{\tau_m}(\frac{u^2 g^2}{P_0} - g_m) \qquad (3.3)$$

$$\frac{1}{g} = \frac{1}{g_c} + \frac{1}{g_m}$$

式中，g 为电弧总电导；u 为电弧电压；i 为电弧电流；g_c、τ_c 和 U_c 为 Cassie电弧模型的电导、时间常数和电压常数；g_m 和 τ_m 为Mayr电弧模型电导和时间常数；P_0为Mayr电弧模型稳态损耗功率常数。

3.1.4 Schavemaker 电弧模型

Schavemaker 电弧模型是在 Mayr 电弧模型基础上改进的，动态方程如式（3.4）所示。

$$\frac{1}{g}\frac{dg}{dt} = \frac{1}{\tau}\left(\frac{ui}{\max(U_{arc}|i|, P_0 + P_1 ui)} - 1 \right) \qquad (3.4)$$

式中，g 为电弧电导；u 为电弧电压；i为电弧电流；τ为电弧时间常数；P_0 冷却功率常数；P_1为电流过零后的冷却功率常数；U_{arc}大电流区间电弧电压常数。

3.1.5 Kema 电弧模型

Kema 电弧模型为 3 个改进的 Mayr 模型串联。动态方程如式（3.5）所示。

$$\frac{dg_1}{dt} = \frac{A_1}{\tau_1}g_1^{\lambda_1}u_1^2 - \frac{1}{\tau_1}g_1 \qquad \lambda_1 = 1.4375$$

$$\frac{dg_2}{dt} = \frac{A_2}{\tau_2} g_2^{\lambda_2} u_2^2 - \frac{1}{\tau_2} g_2 \qquad \lambda_2 = 1.9$$

$$\frac{dg_3}{dt} = \frac{A_3}{\tau_3} g_3^{\lambda_3} u_3^2 - \frac{1}{\tau_3} g_3 \qquad \lambda_3 = 2$$

$$\frac{1}{g} = \frac{1}{g_1} + \frac{1}{g_2} + \frac{1}{g_3} \qquad \tau_2 = \frac{\tau_1}{k_1}$$

$$u = u_1 + u_2 + u_3 \qquad \tau_3 = \frac{\tau_2}{k_2}$$

$$i = gu = \frac{g_1 g_2 g_3}{g_2 g_3 + g_1 g_3 + g_1 g_2} u \qquad A_2 = \frac{A_3}{k_3} \qquad (3.5)$$

式中，g 为电弧总电导；g_n 为第 n 个电弧电导；u 为电弧总电压；u_n 为第 n 个电弧电压；i 为电弧电流；τ_n 为第 n 个电弧时间常数；A_n 为第 n 个电弧冷却常数；λ_n 控制 Cassie-Mayr 模型选取，$\lambda = 1$ 时，取 Cassie 电弧模型，$\lambda = 2$ 时，取 Mayr 电弧模型；k_n 为自由参数。

3.1.6 改进的 Mayr 电弧模型

改进的 Mayr 电弧模型是一种带有依赖电流冷却功率的模型。动态方程如式 (3.6) 所示。

$$\frac{1}{g}\frac{dg}{dt} = \frac{d \ln g}{dt} = \frac{1}{\tau}\left(\frac{ui}{p(P_0 + C|i|)} - 1\right) \qquad (3.6)$$

式中，g 为电弧电导；u 为电弧电压；i 为电弧电流；τ 为电弧时间常数；p 为断路器的填充压力；P_0 为冷却功率；C_i 为电流常数。

3.1.7 Schwarz 电弧模型

Schwarz 电弧模型是在 Mayr 电弧模型基础上改进的电弧模型，与时间常数、冷却功率和电弧电导都有关。动态方程如式 (3.7) 所示。

$$\frac{1}{g}\frac{dg}{dt} = \frac{d \ln g}{dt} = \frac{1}{\tau g^a}\left(\frac{ui}{pg^b} - 1\right) \qquad (3.7)$$

式中，g 为电弧电导；u 为电弧电压；i 为电弧电流；τ 为电弧时间常数；a 为影响电导的参数（与 τ 相关）。P 为冷却常数；b 为影响电导的参数（与 P 相关）。

3.2 Matlab/Simulink 仿真平台

3.2.1 Simulink 仿真平台概述

数据是支撑科学研究和工程应用的主要结构，以矩阵运算为首的科学数学运算成了处理数据的重要手段。使用人工对数据进行大量运算，其效率和准确率难以得到保证。因此随着计算机的出现，便出现了如 C 语言、汇编语言、Bascic 等计算机语言作为编程语言用于较大量的复杂数学运算。但是掌握这些计算机编程语言往往需要大量的语言语法知识和程序编写熟练度，其学习难度不亚于学习一种新的语言。因此众多企业致力于发明一种与科学计算思路一致并且便于使用和表达的计算机语言。

为了实现上述要求，美国 Mathworks 公司在 1967 年推出了软件包"Matrix Laboratory"（Matlab），并在过去的几十年中对该软件进行了不断的更新，如今 Matlab 已经具备相当完备的科学计算功能。作为一种平台式的工程计算软件，Matlab 通过装载众多的黑箱计算工具和可视化软件包实现其功能，Matlab 的功能已经不仅局限于数据处理，还包含信号处理、系统建模、系统控制、算法模拟等功能。在此之上，Matlab 中包含的一种用于模拟图环境的可视化仿真的模块"Simulink"被广泛应用于系统的设计和仿真[2]-[4]。

Simulink 是用来进行动态系统建模、仿真和分析的软件包，包含开源的嵌入式模块便于进行各种系统的动态模拟，涵盖控制、通信、线性数据处理、图像处理等。

Simulink 工具箱具有可视化的操作界面，是一种功能强大的仿真环境，可以模拟电子电力系统各种类型的仿真。在 Matlab 环境中，可以通过对可视化模块进行连接的方式实现仿真，也可以通过在命令界面编写程序实现仿真，可视化编程是 Simulink 的一大亮点，能够非常简单、直观地实现仿真模拟的目标。因此，为了展现其功能的强大，Mathworks 公司在宣传 Matlab 时，常常把 Simulink 工具箱单独介绍。对于用过 Matlab 的用户来说上手十分简单，只要稍微适应一下可视化编程界面就可以无障碍使用。这也是 Simulink 工具箱备受欢迎的原因。

Simulink 作为可视化仿真工具箱，有以下诸多功能：

①可以通过拖曳模块的方式进行仿真，完全不需要编写程序。一般建立仿真

系统需要 3 个步骤：选定需要的模块、将模块相互连接和设置参数。

②建立模型并运行仿真。首先选定需要的模型，系统会给出模型的公式。

③有非常多样化的输入输出信号来源方式。输入信号可以是多种信号发生器，也可以来自设定的记录文件，还可以来自 Matlab 的工作区域（workspace）。相似的有输出信号，从而增加了仿真系统与外部软、硬件的接口能力。

3.2.2 模块集

Simulink 工具箱中有 13 类基本模块库，分别为：Continuous（连续模块组）、Discontinuities（非连续模块组）、Discrete（离散模块组）、Look-Up Tables（表格模块组）、Math Operations（数学运算模块组）、Model Verification（模型检验模块组）、Model-Wide Utilities（公用模块组）、Ports & Subsystems（端口与子系统模块组）、Signal Attributes（信号属性模块组）、Signal Routing（信号传输选择模块组）、Sinks（输出模块组）、Sources（信号源模块组）、User-Defined Functions（用户定义函数模块组）。

3.2.2.1 Continuous （连续模块组）

包含 7 个基本模块，分为连续时间线性系统与连续时间延迟两种，如图 3.1 所示。连续模块组子模块的名称及用途如表 3.1 所示。

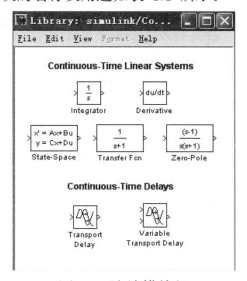

图 3.1　连续模块组

表 3.1　连续模块组子模块的名称及用途

模块名称	模块用途
Derivative	微分模块
Integrator	积分模块
State-Space	线性状态空间模型模块
Transfer Fcn	线性传递函数模型模块
Transfer Delay	输入信号按指定时间延迟模块
Variable Transport Delay	第一个输入按第二个输入指定时间做延迟模块
Zero-Pole	零极点形式模型模块

3.2.2.2 Math Operations（数学运算模块组）

数学运算模块组包含 25 个基本模块，包括数学运算、向量运算、复数与向量间的转换运算 4 种，如图 3.2 所示。数学运算模块组子模块的名称及用途如表 3.2 所示。

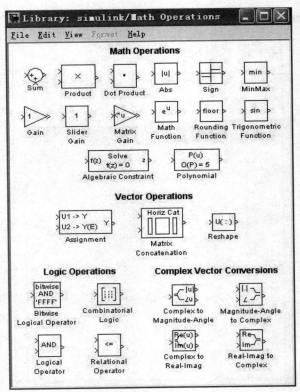

图 3.2　数学运算模块组

表 3.2 　数学运算模块组子模块的名称及用途

模块名称	模块用途
Abs	绝对值或求模（对复数）模块
Algebraic Constraint	将输入 f(z) 强制置为 0 并输出 z
Assignment	分配器
Bitwise Logical Operator	二进制逻辑运算模块
Combinatorial Logic	建立逻辑真值表模块
Complex to Magnitude-Angle	计算复数的幅值与相角模块
Complex to Real-Imag	计算复数实部与虚部模块
Dot Product	计算点积（内积）模块
Gain	增益模块
Logical Operator	逻辑运算模块
Magnitude-Angle to Complex	由幅值与相角构造复数模块
Math Function	数学运算函数模块，可进行多种数学函数运算
Matrix Concatenation	矩阵连接模块
Matrix Gain	矩阵增益模块
MinMax	计算极大值与极小值模块
Polynomial	多项式运算模块
Product	乘积运算模块
Real-Imag to Complex	由实部与虚部构造复数模块
Relational Operator	关系运算模块
Reshape	矩阵重新定维模块
Rounding Function	取整模块
Sign	符号函数模块
Slider Gain	可变增益模块（使用滑尺改变增益值）
Sum	计算代数和或差模块
Trigonometric Function	执行多种常用三角函数模块

3.2.2.3 Signal Routing （信号传输选择模块组）

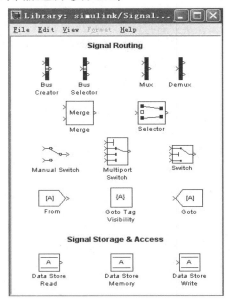

图 3.3 　信号传输选择模块组

信号传输选择模块组共有 15 个基本模块，包括信号传输与信号存储、访问两种，如图 3.3 所示。信号传输选择模块组子模块的名称及用途，如表 3.3 所示。

表 3.3　信号传输选择模块组子模块的名称及用途

模 块 名 称	模 块 用 途
Bus Creator	信号总线生成器
Bus Selector	接收来自 Mux 模块或其他输入 Bus Selector 模块的信号
Data Store Memory	定义一个共享数据存储区
Data Store Read	从已定义的数据存储区中读取数据并输出
Data Store Write	将输入数据写入一个已定义的数据存储区
Demux	分路器（一路信号分解成多路信号）
From	从 Goto 模块中获得信号并输出
Goto	将其输入传递给相应的 From 模块
Goto Tag Visibility	Goto 模块标记控制器
Manual Switch	双输出选择器（手动）
Merge	将输入信号合并为一个输出信号模块
Multiport Switch	在多输入中选择一个输出的开关模块
Mux	信号组合器（将多路信号组合成一路信号）
Selector	选择或重组信号
Switch	多路开关（当第二个输入端信号大于临界值时，输出第一个输入端的信号，否则输出第三个输入端的信号）

3.2.2.4 Sinks （输出模块组）

输出模块组共有 9 个基本模块，包括模型及子系统输出、数据观察器与仿真控制 3 种，如图 3.4 所示。输出模块组子模块的名称及用途，如表 3.4 所示。

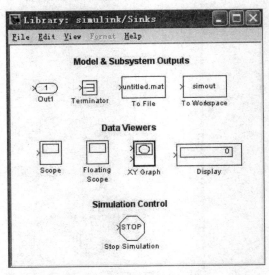

图 3.4　输出模块组

表 3.4   输出模块组子模块的名称及用途

模 块 名 称	模 块 用 途
Display	实时数字显示模块
Floating Scope	浮动示波器模块
Out1	输出端口模块（同端口与子系统模块中 Out1）
Scope	示波器模块
Stop Simulation	当输入非 0 时，停止仿真。在仿真停止前完成当前时间进一步内的仿真。
Terminator	信号终止模块
To File	将其输入写入 MAT-file 文件内的一个矩阵中
To Workspace	将其输入写入工作空间
XY Graph	X-Y 示波器模块

3.2.2.5 Sources（信号源模块组）

信号源模块组包括 18 个基本模块，包括模型及子系统输入与信号发生器两种，如图 3.5 所示。信号源模块组子模块的名称及用途如表 3.5 所示。

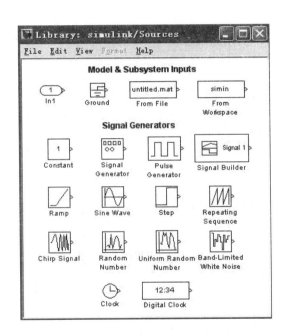

图 3.5   信号源模块组

表 3.5   信号源模块组子模块的名称及用途

模 块 名 称	模 块 用 途
Band-Limited White Noise	带宽限幅白噪声模块
Chirp Signal	线性调频信号模块（频率随时间线性增加的正弦信号），可用于非线性系统谱分析
Clock	在每一仿真步输出当前仿真时间（连续时间）
Constant	输出与时间无关的实数或复数
Digital Clock	仅在指定的采样间隔内输出仿真时间，在其他时间输出保

	持前一次值不变（离散时间）
From Workspace	从 MATLAB 工作空间中读取数据
From File	从一个指定的文件中读取数据并输出
Ground	接地模块
In1	输入端口模块（同端口与子系统模块中 In1）
Pulse Generator	产生固定频率脉冲序列
Ramp	产生按指定初始时间、初始幅度和变化率的斜坡信号
Random Number	产生正态分布的随机信号
Repeating Sequence	产生一个任意波形的周期信号
Signal Generator	可以产生三种不同波形的信号：正弦波、方波和锯齿波。信号单位可以是 Hz 或 rad/s
Signal Builder	信号构造器
Sine Wave	正弦波信号模块
Step	在指定时间产生一个可定义上下电平的阶跃信号
Uniform Random Number	产生在整个指定时间周期内均匀分布的随机信号

3.2.3 仿真过程

3.2.3.1 仿真系统建立

在开始建立仿真模型的时候，可以在 Matlab 的命令窗口上方点击 Simulation，屏幕上会弹出仿真编辑界面。界面的菜单栏中可以找到模块集，点开后就可以按分类菜单提示找到需要的模块。用鼠标器拖曳的方法，建立所需的框图非常方便，将所需的环节拖曳到空白的文件中，按仿真电路的逻辑排列在需要的位置上，然后将所有模块进行连接。所有模块按照逻辑排列完后，把各模块的端口分别连接起来，将相互对应的接口用鼠标连接在一起，起到信号传输的作用。大多数模块只有一个输入接口，而有些环节如逻辑运算器、相加器等有两个或多个输入接口，需要先进行换届的参数设定，设置输入端的数目。

双击模块，打开参数设定界面，对模型中的参数进行修改。构成仿真框图时，一定要注意在系统输入端加上信号源，并且在用户关心的输出端加上信号终端（检测或记录信号的设备，如示波器、电流表、电压表等）。通过仿真运行，实现结果的监测、记录和处理。运行仿真时，如果要把时间作为一个输出变量，一定要在框图中加入时钟。在仿真界面中的 File 菜单中选择 Save，需要把该系统框图赋予文件名以后存盘，才算是真正建立了仿真系统。

3.2.3.2 仿真参数设定

在仿真界面的 Simulation 菜单中点击 Model Configuation Parameter，点击

后会弹出如图 3.6 所示的仿真参数菜单。其中 Solver 的下拉菜单可选项包括 6 种数值积分的方法，Type 的下拉菜单中可以选择步长种类：定步长和变步长。选变步长需要设置数值积分的相对精度和绝对精度。如果有需要还能设置最大和初始积分的步长，要根据仿真模型的特点设定仿真的运行和结束时间。在仿真界面中，Simulation 的下拉菜单中点击 Run，或直接点击运行键，系统就会开始运行仿真。在输出的仪表如示波器上可以看到输出曲线。任何时候单击 Pause，或停止键，仿真就会立即停止运行。

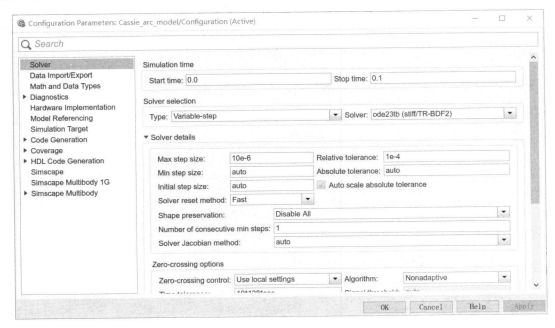

图 3.6 仿真参数菜单

3.2.3.3 Simulink 的子系统屏蔽功能

建立比较复杂的仿真系统时，如果把所有模块放在一个界面里，会非常混乱。Simulink 支持将系统封装成一个模块或子系统，一个子系统的内部可以非常复杂，但对于外界是一个整体，外部参数的改变不会影响其功能和特性。

为满足不同的需求，Simulink 工具箱可以创建自定义模块，自定义模块一般有以下特点。

①把多个模块形成的小系统进行组装，构成一个不受影响的整体。改变该整体的参数时，不需要对每个模块进行编辑，只编辑这个整体的参数就可以满足需求，这种形式就是屏蔽。被屏蔽的子系统就像一个黑盒子，从外部改变整体参数时不会涉及其内部的结构。

②允许用户为该子系统创建自己专属的参数修改对话框，方便管理使用。

③允许用户为该子系统创建自己个性化的图标，并建立相应的帮助文本。

④这种黑盒形式，可以保证内部结构不会被破坏，同时也能保护用户的创作成果不被窃取。

这些强大的功能方便了 Simulink 工具箱的可扩展性，用户可以根据不同的专业领域，编写不同的模块工具箱，从而利用 Simulink 进行系统的仿真。

3.2.4 AMB 库的介绍

电弧模型模块（Arc Model Blockset，AMB）是由荷兰代尔夫特理工大学基于 Simulink 软件开发，用于研究电弧的模型库，其中包括 Cassie 电弧模型、Habedank 电弧模型、KEMA 电弧模型、Mayr 电弧模型、改进的 Mayr 电弧模型、Schavemaker 电弧模型、Schwarz 电弧模型等。荷兰代尔夫特理工大学在各模型的理论假设基础上对各模型进行了实验，并根据实验对各模型的数学表达式进行了调整和修改，使各模型的模拟结果更贴近实际。代尔夫特大学将 AMB 库开源给所有的研究人员使用，用户可以根据自己的实际情况对模型的参数进行修改。AMB 库的应用极大地方便了模拟的研究，打开 AMB 库就能看到包含的所有电弧模型，如图 3.7 所示。

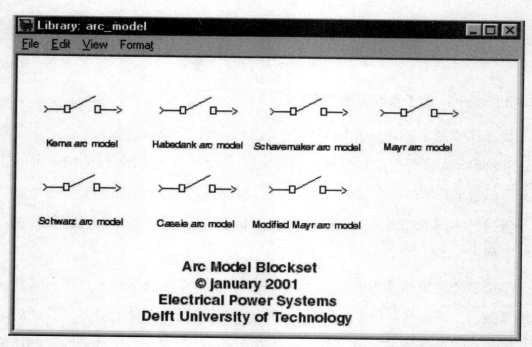

图 3.7　AMB 库

在搭建好所需模型的外部电路后，将所需的模型拖动至外部电路中的电弧相应位置即可。

这里以 Mayr 电弧模型为例进行说明，其他电弧模型只是在此基础上对 DEE 内的微分公式进行修改。电弧模块内部结构如图 3.8 所示。

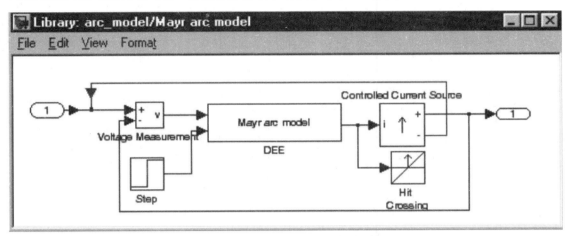

图 3.8　电弧模块内部结构

其中包括电压测量模块（Voltage measurement）、阶跃信号发生器（step）、微分方程编辑器（DEE）、受控电流源（Controlled Current Source）、交叉点检测（Hit Crossing）。其中 DEE 中是电弧模型的物理－数学模型，如图 3.9 所示。

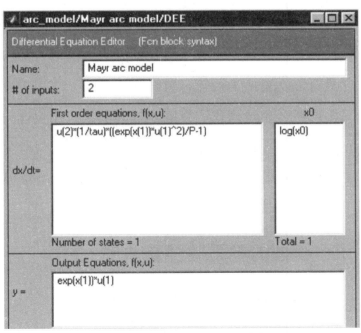

图 3.9　微分方程编辑器

双击电弧模块即可设置电弧模块的参数，如图 3.10 所示。

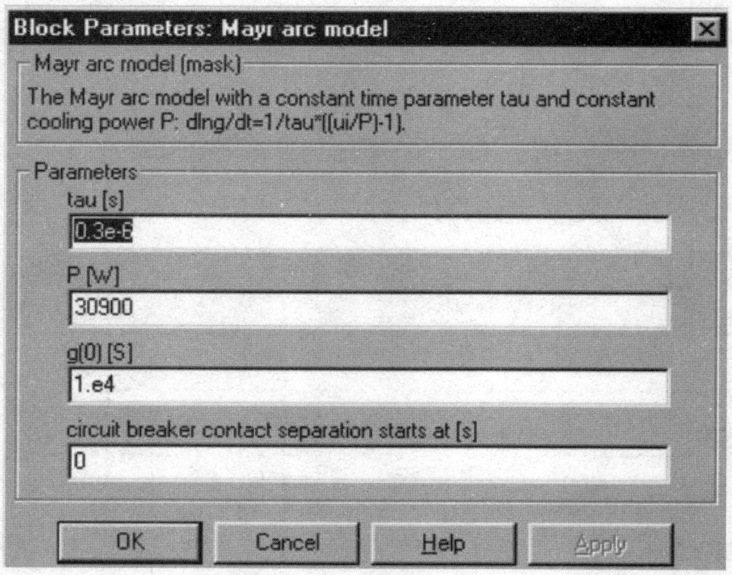

图 3.10 电弧模块参数设置

3.2.5 快速傅里叶分析

为了进一步分析电流的频域特性，使用快速傅里叶分析（Fast Fourier Transform）对仿真得到的电流信号进行分析。快速傅里叶分析是一种基于离散傅里叶变换（DFT）的时频域转换方法。相比离散傅里叶变换，快速傅里叶变换通过对前者的奇偶性、根的虚实性等特性进行分析后改进而成的，改进后的算法具有更快速、更高效的特点。离散傅里叶变换可以通过式（3.8）表示。

$$f(x) = a_0 + \sum_{n=1}^{\infty}(a_n \cos\frac{n\pi x}{L} + b_n \sin\frac{n\pi x}{L}) \tag{3.8}$$

该模式表明任意函数可以表示为正弦函数相加的形式，应用于信号处理时可以理解为任意有限的序列可以通过该式进行频域的离散化。而快速傅里叶分析则是将原始的长序列先分解为若干较短的序列形式，利用离散傅里叶分析中质数因子的性质对上述短序列进行处理从而降低计算时的冗余步骤。本章使用 Simulink 中的 FFT 工具箱对电弧故障电流信号进行频域分析。

3.3 基于 Cassie 模型的电弧故障仿真

3.3.1 室内低压系统线性负载电路仿真

根据国标GB/T7260-3中的定义，线性负载为在其两端施加可变的正弦电压时，其负载阻抗参数（Z）为常数的负载。一般来说，线性负载包含阻性负载、功率因数小于1的感性负载、功率因数小于1的容性负载、功率因数为0的感性负载和功率因数为0的容性负载。

将Cassie电弧模型应用于串联电弧电路中，设置参数进行仿真，电源电压有效值 Us=220V，频率 f=50Hz，电弧时间常数 τ =0.00025，电弧电压常数 Uc=50V，g[0]=0.00017S。线性负载仿真电路如图3.11所示。图3.12（b）中可以看出，Cassie电弧模型包括控制电流源（Controlled Current Source）、微分方程编辑器（DEE）、定值检测 （Hit Crossing）、阶跃信号 （Step）、电压测量 （Voltage Measurement） 等模块[5]-[8]。

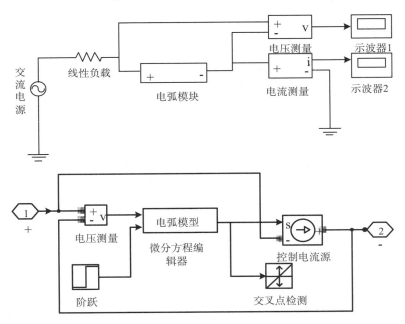

图 3.11 电弧模型仿真电路 （a） 电弧故障电路 （b） 电弧模型

线性负载分别选取 R=100Ω的阻性负载和 R=350Ω、L=0.022H 的阻感性负载。阻性负载正常工作电流如图 3.12 所示，电弧故障电流如图 3.13 所示。阻感性负载正常工作电流如图 3.14 所示，电弧故障电流如图 3.15 所示。电流幅值频谱中，不同频率对应的幅值相差很大，如果调整纵坐标范围变大的话，幅值小的部分将无法显示。因此幅值最大的峰值没有显示，可以通过频谱相对值反映出来。可以看出，在线性负载电路中，发生电弧故障时与正常工作相比，时域电流波形出现"零休"，幅值频谱出现谐波，幅值频谱相对值也随之变化。即在仅有线性负载条件下，时域电流的"零休现象"和幅值频谱的谐波现象均可作为电弧故障检测的依据。

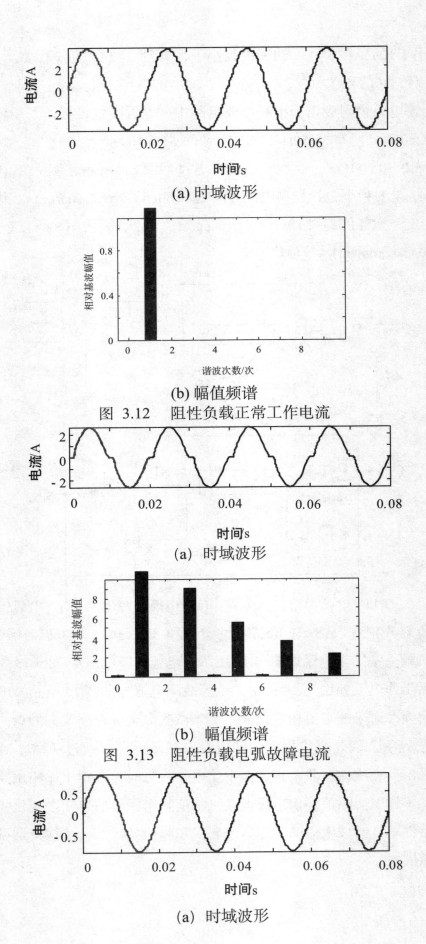

(a) 时域波形

(b) 幅值频谱

图 3.12 阻性负载正常工作电流

(a) 时域波形

(b) 幅值频谱

图 3.13 阻性负载电弧故障电流

(a) 时域波形

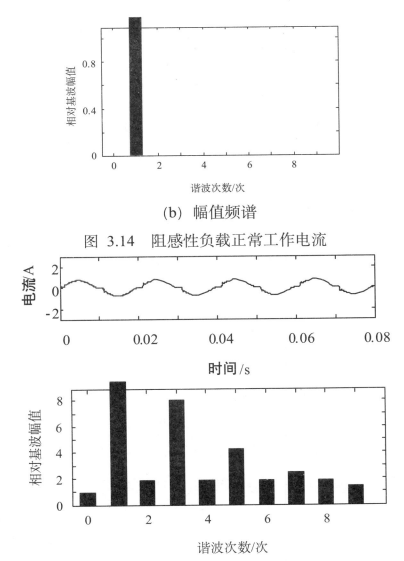

（b）幅值频谱

图 3.14 阻感性负载正常工作电流

图 3.15 阻感性负载电弧故障电流 （a）时域波形 （b）幅值频谱

3.3.2 室内低压系统非线性负载电路仿真

相较于典型的线性负载，生活中的大多数负载在工作时其电压与电流都不是简单的线性关系，常见的非线性负载包括计算机（开关电源）、电动机、电源转换器等。电力电子电路是常见的非线性电路，近年来随着电力电子技术的发展，越来越多的电力电子电路被广泛地应用到电气工程的各个领域。整流电路是电力电子技术中发展得最早的一种也是技术最为成熟的一种，它的作用是将交流电转换为直流电用以供应直流电气设备。在生活中和生产中整流电路无处不在，如生活中充电器、LED 灯、电脑的电源适配器等，工业生产中直流电机、发电机励磁等都需要进行交流与直流的转换。整流电路按器件与原理可分为全控、半控、不可控、相位控制、斩波控制等。本节选用单向桥式整流电路（Single Phase Bridge Controlled Rectifier）作为非线性负载的例子对其发生电弧故障时的电流时频域信息进行分析。单相桥式整流电路的电弧故障仿真实验设计如图 3.16 所示。

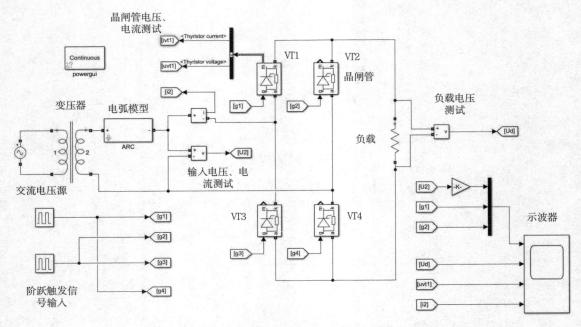

图 3.16 单相桥式整流电路电弧故障仿真电路

以单相桥式整流电路输出连接负载为电阻时为例，当电路工作在正常状态时其原理如下：相对的晶闸管组成了整流电路的桥臂，即 VT1 和 VT2 为一组桥臂，VT3 和 VT4 为一组桥臂。当整流电路变压器二次绕组侧电压 U_2 处于正弦电压的正半周时，若 4 个晶闸管均不导通负载上无电流通过，负载两端电压为 0。当设置触发角为 α 时晶闸管 VT1 和 VT4 接受触发脉冲导通，电流通过 VT1、负载电阻、VT4 导通。当 U_2 结束正半周经过零点时，晶闸管中的电流降为 0，VT1 和 VT4 因此关断。当 U_2 处于正弦电压的负半周时，在触发角 α 的延迟作用下 VT2 与 VT3 导通。此时电流通过 VT3、负载、VT2 导通，当负向电流过零时 VT2 和 VT3 关断同时 VT1 和 VT4 导通，如此循环往复。晶闸管可承受的最大反向电压为 $\sqrt{2}\,U_2$ 最大正向电压为 $\sqrt{2}/2\,U_2$，因此将 U_2 的值设置为 220V，晶闸管的最大正向、反向电压均设置为 311.08V。

在正弦交流电压的全周期都有电流流经负载，因此单相桥式整流电路是一种全波整流电路。此外，在变压器二次绕组输入电压的一个完整的周期内负载测电压波形会产生两次脉动，因此该电路又称为双脉波整流电路。在变压器的二次绕组侧，电流的波形会以过零点为原点呈现方向相反、形状对称的特点。电流的平均值为 0。电路不存在直流分量，单相桥式整流电路的变压器也因此不存在直流磁化[9,10]，变压器绕组的利用率较高。晶闸管 VT1、VT2、VT3、VT4 在电流的全周期中只有一半时间导通。设置晶闸管的延迟触发角为 60°，并将晶闸管缓冲电路内阻设置为 500Ω 电容 0.25μF，负载侧选择使用 1000Ω 的电阻。变压器二次项电压有效值 220V，频率 50Hz。采样时间 0.08s 可以得出整流电路正常运行时的交流输入端电流如图 3.17 (a) 所示，及负载两端的电压波形如图 3.17 (b) 所示，晶闸管两端电压如图 3.17 (c) 所示。

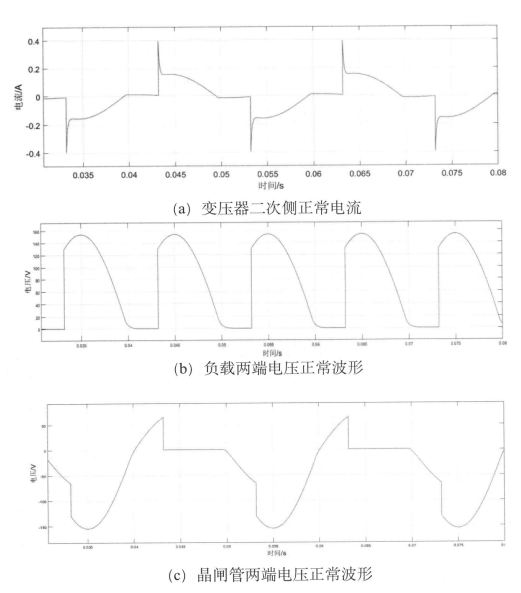

(a) 变压器二次侧正常电流

(b) 负载两端电压正常波形

(c) 晶闸管两端电压正常波形

图 3.17 整流电路仿真正常工作波形

对单相桥式整流电路输入侧电流进行快速傅里叶分析得到其频谱关系如图 3.18 所示。

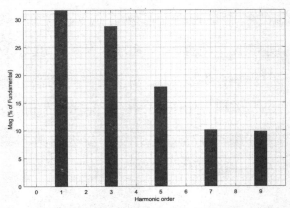

图 3.18 整流电路输入侧正常电流频谱

通过图 3.18 可知，在整流电路正常工作时其频谱出现了技术高次谐波增加的现象，这与线性负载出现电弧故障时的频谱现象相似。因此当故障负载类型未知时，难以通过频谱的奇数高次谐波变化进行判断。在加入 Cassie 电弧模型后单相桥式整流电路的输入端电流波形如图 3.19 所示。

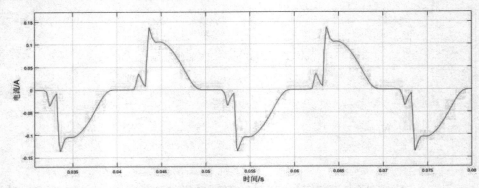

图 3.19 单相桥式整流电路电弧故障电流波形

从波形中可以看出，单相桥式整流电路在发生电弧故障时其电流波形呈现出较为杂乱的现象。不同于线性负载的"零休"现象，非线性负载在发生电弧故障时难以通过简单的时频域变化进行判断。

在电力电子技术出现后，采用电力电子器件的交流调压器在灯光控制、家用风扇调速、交流电机的调压调速等方面得到了广泛的应用[11]-[13]。因此，非线性负载还选择调压电路为例进行说明，电路仿真模型如图 3.20 所示，正常工作电流波形及频谱如图 3.21 所示，电弧故障电流波形及频谱如图 3.22 所示。可以看出，正常工作的时域电流波形出现了类似于线性负载电弧故障时的"零休现象"，幅值频谱中出现奇次谐波。电弧故障的时域电流波形幅值增大且变得不规则，幅值频谱中出现谐波，奇次值较大，偶次值较小。

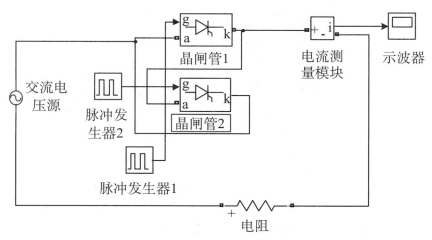

图 3.20 调压电路仿真模型

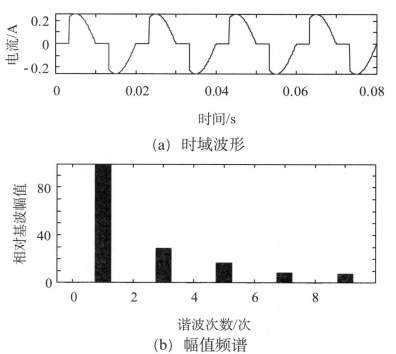

（a）时域波形

（b）幅值频谱

图 3.21 调压电路正常工作电流

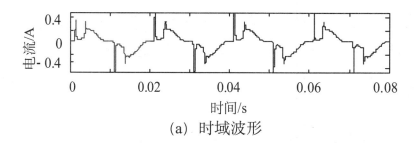

（a）时域波形

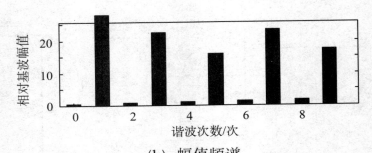

（b）幅值频谱

图 3.22　调压电路电弧故障电流

通过利用 Cassie 模型进行串联电弧故障仿真可以看出如下：

（1）电弧故障状态，时域电流波形在线性负载条件下出现"零休现象"；正常工作状态，时域电流波形在非线性负载条件下也可能出现类似于"零休"的现象。

（2）在不同类型负载条件下，电弧故障状态的电流幅值频谱均出现谐波，且分布与正常工作状态频谱不同。

3.4　本章小结

本章利用仿真法对室内低压配电系统的正常工作状态和串联电弧故障状态进行模拟，采集电流数据，利用快速傅里叶变换得到幅值频谱，对电流时频域特征进行研究，具体工作如下：

（1）对 Cassie 电弧模型、Mayr 电弧模型、Habedank 电弧模型、改进的 Mayr 电弧模型、Schavemaker 电弧模型和 Kema 电弧模型等进行介绍。

（2）利用 Cassie 电弧模型进行室内低压配电系统串联电弧故障仿真。线性负载分别选取 R=100Ω的阻性负载和 R=350Ω、L=0.022H 的阻感性负载；非线性负载分别选取单相桥式整流电路和调压电路。电弧故障状态，时域电流波形在线性负载条件下出现"零休现象"；正常工作状态，时域电流波形在非线性负载条件下也可能出现类似于"零休"的现象。在不同类型负载条件下，电弧故障状态的电流幅值频谱均出现谐波，且分布与正常工作状态频谱不同。

3.5　参考文献

[1] 王其平. 电器电弧理论[M]. 北京: 机械工业出版社, 1982.

[2] 赵海滨. Matlab 应用大全[M]. 北京: 清华大学出版社, 2012.

[3] 孟庆斌, 全厚德, 杜雪. 基于 Simulink 的对偶序列跳频通信链路设计仿真[J]. 河

北师范大学学报(自然科学版),2021,45(06): 582-589.

[4]黄忠霖.电工学的 Matlab 实践[M]. 北京: 国防工业出版社, 2010, 321-323.

[5]Alireza Khakpour, Steffen Franke, Dirk Uhrlandt. Electrical arc model based on physical parameters and power calculation[J]. IEEE transactions on plasma science, 2015, 43(8): 2721-2728.

[6]王倩, 叶赞, 谭王景. 精确击穿电弧模型仿真及分析[J]. 电网与清洁能源, 2015, 31(10): 4-8.

[7] 张春燕. 基于电弧模型仿真的电气火灾智能算法分析[D]. 杭州: 浙江大学学位论文, 2016.

[8]陈曾馨, 李自成. 基于 MATLAB 的晶闸管单相半波可控整流电路仿真[J]. 电工技术, 2021(24): 186-188.

[9]J. Vobecky, U. Vemulapati, R. Bessa-Duarte. Bidirectional Phase Control Thyristor: A New Antiparallel Thyristor Concept[C]. The 32nd International Symposium on Power Semiconductor Devices and ICs (ISPSD), 2020, 54-57.

[10]王晶, 翁国庆, 张有兵. 电力系统的 MATLAB/SIMULINK 仿真与应用[M]. 西安: 西安电子科技大学出版社, 2008, 187-199.

[11]高玉奎. 电力电子实用电路[M]. 北京: 中国电力出版社, 2008, 162-176.

[12]曲娜, 王建辉, 刘金海, 等. 基于 Cassie 模型和 L3/4 范数的串联电弧故障检测方法[J]. 电网技术, 2018, 42(12): 3992-3997.

[13]刘宗杰, 王成全, 徐国强, 等. 对于 Cassie 电弧模型爆炸气体灭弧时间的研究[J]. 电子设计工程, 2020,28(20): 162-166.

第 4 章 基于粒子群优化支持向量机的电弧故障检测

支持向量机算法（SVM）在解决小样本、非线性和二分类方面具有其特有的优势，但是其分类性能很大程度上取决于惩罚参数 c 和 RBF 核函数参数 g 的选择。传统选择这两个参数的方法有穷举法、网格搜索法和交叉验证法等，但这些方法普遍计算量较大、耗时较长、效率较低，因此找到一个合适的方法选择参数 c 和 g，以加快计算速度和提高准确率，成为建立支持向量机模型的关键。本章利用粒子群优化算法（PSO）对这两个参数进行选择，可以减少计算量，提高算法运行效率和分类准确性。利用粒子群优化支持向量机（PSO-SVM）方法建立电弧故障检测模型，可以提高电弧故障检测准确率和运行效率。

4.1 支持向量机

支持向量机的概念最早是由 Vapnik 和 Chervonenkis 在 20 世纪 60 年代提出的。而成熟的支持向量机理论研究则起始于 1995 年，Cortes 和 Vapnik 在《Machine Learning》期刊发表的论文。虽然支持向量机的概念提出较早，但是真正研究并应用是在 1995 年之后[1]。支持向量机不容易陷入局部极小点，并且解决了很多机器学习方法存在的"维数灾难"问题。此外，还具有小样本、非线性及高维等优点[2]。这些优点使支持向量机在很多领域获得了广泛应用，如图像处理[3][4]、文本分类[5][6]、故障诊断[7][8]、入侵检测[9][10]、参数优化[11]等，已经成为机器学习领域的热门研究之一。

关于支持向量机的研究主要集中在提高泛化性能、核函数构造、多分类支持向量机模型、支持向量机改进等方面。李村合等使用半监督支持向量机算法进行改进后，可以利用少量有标签样本和大量无标签样本进行学习，有利于发现样本集内部的隐藏信息，并提高分类器的泛化性能。李亦滔提出了一种基于支持向量机的改进二叉树分类算法来提高泛化性能。梁礼明等提出了分形理论的核函数选择法，即结合具体问题样本分布特征构造或选择合适的核函数类型性能[12]。刘明珠等结合 Fisher 准则和最大熵原理对支持向量机的核参数进行优选性能[13]。支持向量机最初是为解决二分类问题而设计的模型，后来许多学者经过不断研究和改进，并将其应用于多分类问题。冯起斌等提出一种基于多分类支持向量机的基音检测算法性能[14]。孙志鹏等提出了以变压器油中 5 种特征气体作为输入、5 种故障状态作为输出的多分类支持向量机的电力变压器故障诊断模型性能[15]。改进支持向量机主要是改进数学层面上的函数形式或者引入其他算法结合成混合模型，以提高处理特殊问题的能力。最小二乘支持向量机是常见的支持向量机改进形式，是将支持向量机规划模型中的不等式约束修改为等式约束，将二次优化问题转化为线性方程组求解性能[16]。郭浩然等利用遗传算法对支持向量机的惩罚因子 c 与核函数参数 γ 进行寻优，用二进制编码进行编码组合，经过选择、交叉、变异产生新种群，不断循环进化为一个最佳种群，即得到问题的最优解性能[17]。程换新等通过改进广义特征向量机得到学习支持向量机模型。构造正负两个超平面，正类样本构造一个正类超平面，使得正类样本对该超平面尽可能近，对此负类样本要处于正超平面负向偏离一个单位；负类样本构造一个负类超平面，使得负类样本离负超平面尽可能近，对正样本要求处于负超平面正向偏离一个单位；对于测试样本的预测原则是按照该样本距离哪个超平面近就归为哪一类性能[18]。

4.1.1 线性支持向量机

支持向量机方法是从线性可分情况下的最优分类方面提出的一种有监督分类机器学习算法。如图 4.1 所示是二维两类线性可分情况，实心点和空心点分别表示两类数据样本，H 是将两类样本没有错误分开的分类线，H₁ 和 H₂ 分别是通过两类样本中离分类线最近的点且平行于分类线的直线，H₁ 和 H₂ 之间的距离称为两类样本的分类空隙或分类间隔。最优分类线就是不但能将两类样本无错误地分开，而且能使分类空隙最大的分类线。推广到高维空间中，最优分类线就成为最优分类面性能[19]，距离最优分类平面最近的数据点被称为支持向量。

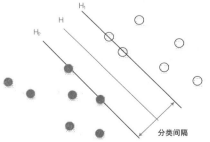

图 4.1 最优分类示意图

假设在定义空间上存在线性可分的样本数据集 T：$\{(x_1, y_1), (x_2, y_2), \cdots, (x_n, y_n)\}$，其中，$x_i \in R^n$，$y_i \in \{-1, +1\}$，$(x_i, y_i)$ 是数据集中第 i 组样本。y_i 是 x_i 的类别标志，当 $y_i = +1$ 时，表明 x_i 属于正类；当 $y_i = -1$ 时，表明 x_i 属于负类。线性判别函数的一般形式为 $g(x) = wx + b$，创建一个超平面 $wx + b = 0$ 将样本分为正、负两类[20][21]，w 和 b 分别为超平面的法向量和偏移量。则可用 $|wx_i + b|$ 表征数据点 x_i 到超平面的距离，通过判断 $wx_i + b$ 的符号与类标记 y_i 的符号是否一致，以确定对 x_i 的分类是否正确。即可用 $y_i(wx_i + b)$ 表征分类的准确度，定义函数间隔 $\hat{\gamma}_i$：

$$\hat{\gamma}_i = y_i(wx_i + b) \tag{4.1}$$

定义 $\hat{\gamma}$ 为所有样本点 (x_i, y_i) 的分类间隔的最小值：

$$\hat{\gamma} = \min_{i=1, \text{L} ,n} \hat{\gamma}_i \tag{4.2}$$

对 w 进行规范化，即取 $\|w\| = 1$，则间隔是确定的，引入几何间隔的概念[22]。设任意一个数据点 $A(x_i, y_i)$，到分类面的实际距离为 γ_i^d，B 点为 A 点在分类面 (w, b) 上的投影可表示为：

$$x = x_i - \gamma_i^d \frac{w}{\|w\|} \tag{4.3}$$

将 B 点代入 $wx + b = 0$，则：

$$w(x_i - \gamma_i^d \frac{w}{\|w\|}) + b = 0 \tag{4.4}$$

变换可得：

$$\gamma_i^d = \frac{wx_i + b}{\|w\|} = (\frac{w}{\|w\|})x_i + (\frac{b}{\|w\|}) \tag{4.5}$$

定义几何间隔 γ_i：

$$\gamma_i = y_i \gamma_i^d = y_i((\frac{w}{\|w\|})x_i + (\frac{b}{\|w\|})) \tag{4.6}$$

定义 γ 为 T 中所有样本点 (x_i, y_i) 的几何间隔的最小值：

$$\gamma = \min_{i=1, \text{L} ,n} \gamma \tag{4.7}$$

函数间隔和几何间隔存在如下关系：

$$\gamma = \frac{\hat{\gamma}}{\|w\|} \tag{4.8}$$

$\|w\| = 1$ 时，函数间隔等于几何间隔。在 w 和 b 等比例缩放的情况下，函数间隔会变化而几何间隔保持不变[23]。

最优分类面不仅要将所有正负数据点分开，还要确保离分类面最近的正负数据点有最大的区分度，即离分类面最近的正负数据点到分类面的距离最大且相等，称为硬间隔最大化：

$$\max_{w,b} \gamma \quad s.t. \quad y_i\left(\frac{w}{\|w\|}x_i + \frac{b}{\|w\|}\right) \geq \gamma \quad i=1,2,\cdots,n \tag{4.9}$$

可以得出：

$$\max_{w,b} \frac{\hat{\gamma}}{\|w\|} \quad s.t. \quad y_i(wx_i + b) \geq \hat{\gamma} \quad i=1,2,\cdots,n \tag{4.10}$$

取 $\hat{\gamma}=1$ 进行简化分析，又由于最大化 $1/\|w\|$ 和最小化 $1/(2\|w\|^2)$ 是等价的，所以线性可分支持向量机的最优化问题可表示为如下形式[24][25]。

$$\min_{w,b} \frac{1}{2}\|w\|^2 \quad s.t. \quad y_i(wx_i + b) - 1 \geq 0 \quad i=1,2,\cdots,n \tag{4.11}$$

当样本数据线性可分时，在支持向量中间没有数据点，只有支持向量决定最优分类面，决定着线性可分支持向量机模型。其他数据点对模型的建立不起作用。支持向量的个数一般较少，故线性可分支持向量机模型是由少数重要的样本数据点确定的。实际应用中，多数情况下训练数据集是线性不可分的。当样本线性不可分时，支持向量机通过引入松弛变量、允许存在少量离群点来解决问题。目标函数由线性可分支持向量机的 $1/(2\|w\|^2)$ 变为：

$$\frac{1}{2}\|w\|^2 + C\sum_{i=1}^{n}\xi_i \tag{4.12}$$

式中，$C>0$ 称为惩罚参数，表示对离群点的容忍程度；ξ_i 为松弛因子。要使被误分类样本点的个数尽量少，线性不可分支持向量机的最优化问题可表示为式（4.13）。

$$\min_{w,b,\zeta} \frac{1}{2}\|w\|^2 + C\sum_{i=1}^{n}\xi_i \quad s.t. \quad y_i(wx_i + b) \geq 1 - \xi_i \tag{4.13}$$

$$i=1,2,\cdots,n, \quad \xi_i \geq 0$$

4.1.2 非线性支持向量机

在现实生活中，数据样本大多数是非线性的情况，需要建立一个从低维空间到高维空间的映射关系，将低维空间的非线性样本转换为高维空间的线性样本[26]。也就是找到使低维空间的样本集计算结果与高维空间的向量内积结果一致的函数，即核函数。常用的核函数有[27]：

(1) 线性核函数：

$$K(x_1, x_2) = (x_1^T x_2) \tag{4.14}$$

(2) 多项式核函数：

$$K(x_1, x_2) = (\gamma x_1^T x_2 + r)^d \tag{4.15}$$

(3) 高斯径向基核函数：

$$K(x_1, x_2) = e^{-g\|x_1 - x_2\|^2} \tag{4.16}$$

(4) Sigmoid 核函数：

$$K(x_1, x_2) = \frac{e^{\gamma x_1^T x_2 + r}}{e^{\gamma x_1^T x_2 + r} + 1} \tag{4.17}$$

对核函数的选择，目前尚缺乏指导原则，但通过普遍实验的观察结果，高斯径向基核函数具有能够实现非线性映射、参数少、准确率高的特点而被广泛应用。本章选择高斯径向基核函数训练二分类数据样本的非线性支持向量机模型。此时需要训练两个关键的参数：一是惩罚系数 c，该参数决定了模型对分类错误的容忍度，同时也是模型系数值的上限，取值偏大会造成泛化能力变差，取值偏小会造成模型的经验风险值较大；二是高斯径向基核函数中的参数 g，该参数影响系统的过拟合问题，对生成最佳的模型起着重要的作用。最优模型所对应的训练参数组被称为最优参数组合，传统的寻找最优参数组合的方式有穷举法、网格搜索法和交叉验证法等[28]。

穷举法首先通过对问题的初步估计确定答案的大致范围，然后依次对所有可能的答案进行一一验证直至得到最终结果。

网格搜索法首先在有限的实数区间内，分别对训练参数 c 和 g 取 m 和 n 个离散值；其次将这些值两两组合得到 $m \times n$ 个 (c, g) 训练参数组集合；最后将集合中的每一组训练参数分别进行支持向量机训练，找出最高准确率对应的一组训练参数组合。

交叉验证法常用的 $K\text{-}fold$ 交叉验证法，将参数 c 和 g 的取值限定在某一范围内，并以一定的步长对两个参数的所有取值情况进行遍历，并根据 K 折交叉的计算结果选择最优参数取值。K 折交叉是将样本集分为 K 组，并使每一组数据分别做一次测试集，其余数据做训练集，直到每组数据均参与训练和预测。分别计算每个测试的均方误差，取最小均方误差所对应的参数就是该模型的最佳参数。

上述方法普遍计算量较大、耗时较长、效率较低，因此找到一个合适的方法选择参数 c 和 g，以加快计算速度和提高准确率，成为建立支持向量机模型的关键。

4.2 粒子群算法

1995 年，Kennedy 和 Eberhart 定义了鸟群个体的飞行准则[29][30]：①栖息地移动准则，即鸟群个体受栖息地的吸引而朝向栖息地位置移动；②最优位置记忆准则，即鸟群个体能记忆当前时期距离栖息地的最优位置；③局部位置共享准则，即个体与邻居个体共享其相对于栖息地的最优位置。鸟群通过个体相互间的协作共享机制使得群体展现出强大的智慧。在此基础上模拟鸟群飞行捕食的行为，鸟通过集体协作取得找到食物的最优策略，即搜寻目前离食物最近的鸟的周围区域，根据飞行经验判断食物位置。在粒子群优化算法，用粒子来表示鸟，在距离目标最近的粒子附近不断搜索，最终获得目标位置及距离目标最近的粒子。粒子群优化算法（PSO）具有结构简单、收敛速度快和搜索范围大等优点。

假设搜索空间为 D 维，群体 $X=(x_1,\cdots,x_i,\cdots,x_D)$，包含 m 个粒子。第 i 个粒子的速度为 $V_i=(v_{i1}, v_{i2},\cdots, v_{iD})^{\mathrm{T}}$，粒子的位置是 $X_i=(x_{i1}, x_{i2},\cdots, x_{iD})^{\mathrm{T}}$。种群全局极值为 $P_g=(p_{g1}, p_{g2},\cdots, p_{gD})^{\mathrm{T}}$，个体极值为 $P_i=(p_{i1}, p_{i2},\cdots, p_{iD})^{\mathrm{T}}$，粒子在种群内搜索个体极值和全局极值，直至到达规定的迭代次数。根据式（4.18）和式（4.19）更新粒子的速度和位置。

$$v_{ij}(t+1) = \omega v_{ij}(t) + c_1 r_1(t)(p_{ij}(t) - x_{ij}(t)) + c_2 r_2(t)(p_{gj}(t) - x_{ij}(t)) \qquad (4.18)$$

$$x_{ij}(t+1) = x_{ij}(t) + v_{ij}(t+1) \qquad (4.19)$$

式（4.18）中，ω 是控制粒子迭代速度的惯性系数，ω 值越大，全局寻优能力越强，收敛越慢；ω 值越小，局部寻优能力越强，收敛越快[31][32]。ω 在 0.9~0.4 之间线性递减的取值策略能够保证较好的全局搜索能力和局部搜索能力。$i=1, 2,\cdots, m$；$j=1, 2,\cdots, D$；m 为种群规模；c_1 和 c_2 为非负常数；r_1 和 r_2 均为 0 到 1 之间的随机数；t 为进化代数. 式 (4.19) 的第一部分表示粒子上一次迭代速度，代表粒子的运动惯性和反应粒子自我学习的能力；第二部分为粒子个体的"自我认知"部分，代表了粒子向自身经验学习的能力，其中加速因子 c_1 用来调节粒子飞向个体历史最优位置的移动步长；第三部分表示粒子的"社会认知"部分，代表了粒子对社会经验的学习，也就是向整个粒子群体学习的能力，其中加速因子 c_2 控制粒子向群体中全局最优位置移动的步长. 速度更新公式形式决定了算法在解空间中的综合搜索能力，公式的第一部分主要用来平衡全局和局部搜索的能力，同时也提供了粒子在搜索空间内开辟新搜索区域的源动力；第二部分主要表示粒子在局部范围内的挖掘开发能力；第三部分主要表示粒子的全局搜索能力. 粒子群算法通过适应度函数在可行域产生一定数量的粒子，每一个粒子是一个潜在的最优解. 将生成的粒子进行反复迭代，个体极值继续向全局极值收敛，最终输出最优解[33].

粒子群算法具体寻优过程如下：

(1) 初始化粒子群. 首先要先确定种群规模，种群数量越大，越容易发现全局最优解，但是运行时间也会相应变长，所以需要选择合适的种群规模；其次要确定粒子的最大速度，决定了粒子在单位时间内移动的距离，对局部最优解有影响；最后需要确定惯性系数、种群最大迭代次数以及加速度常数 c_1 和 c_2 等.

(2) 确定适应度值. 通过适应度函数确定每个粒子的适应度，并评价个体适应度. 适应度函数是确定样本个体极值的基础.

(3) 取粒子适应度值中的最大者作为个体极值. 个体极值越大，质量越好，种群的搜索能力越高.

(4) 取个体极值中的最大者作为全局极值，全局极值是种群中的最大适应度值.

(5) 更新粒子的速度和位置. 若每次迭代后粒子的位置比之前的最优位置更好，则更新当前的最优位置向量.

(6) 输出最优解. 重复第 (2) 步的计算过程，直到所有粒子收敛到某个点或达到预先设定的最大迭代次数.

4.3 粒子群优化支持向量机算法

利用粒子群算法优化支持向量机的参数：惩罚因子 c 和核参数 g，得到改进支持向量机模型，主要训练过程如图 4.2 所示。

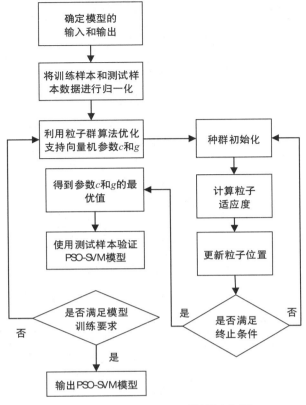

图 4.2 PSO-SVM 训练过程

4.4 基于 PSO-SVM 的电弧故障检测

利用粒子群优化支持向量机（PSO-SVM）模型实现电弧故障检测时，首先需要确定该模型的输入和输出。利用第 2 章分析的电流平均值、电流极差值、相邻区间电流差均值和电流方差值 4 种时域特征的 39 个数据值和电流频域幅值平均值的 10 个数据值作为 PSO-SVM 模型的输入，电路工作状态即正常工作或电弧故障作为 PSO-SVM 模型的输出。然后进行参数设置，粒子群优化算法的进化迭代数设置为 200，种群规模为 40，参数 c 的最大最小值分别为 100 和 0.1，参数 g 的最大最小值分别为 1000 和 0.1。

在时间域中，1 个周期的电流数据被划分为 10 个等长的时间段。1 个周期的 10 段数据不仅反映了原始数据的主要信息，而且避免了大量的计算，保证了实时性。为了使每个数据点能够表达相同的信息，每个段的长度是相等的。提取了电流在时间域的 4 个特征，即电流平均值、电流极差值、相邻区间电流差均值和电流方差值。其中，电流平均值、电流极差值和电流方差值的每个分段分别对应 1 个数据，1 个周期共提取 10 个数据。差分平均值在 1 个周期内可以提取 9 个数据，因为它是通过计算两个相邻段之间的对应电流差得到的。可以在 1 个周期共提取 39 个数据作为电流的 1 组时域特征值。利用快速傅里叶变换提取频率域中电流的特征，频率范围为 0~2000Hz，分为 10 个间隔。每个间隔为 200Hz。根据交流电的频率为 50Hz，每个间隔可以提取 4 个频谱幅值。为了减少计算量，将 4 个频谱幅值的平均值作为 1 个频域特征值，所以频域共可以提取 10 个特征值。时域和频域一共提取 49 个特征值作为粒子群优化支持向量机算法模型的输入；输出为电弧故障或者正常工作。选取每种负载中的 10 组电弧故障数据和 10 组正常工作数据，共 120 组数据作为测试集，检测结果如表 4.1 所示。以白炽灯电感串联负载电路为例的演示结果如图 4.3 所示，横轴代表样本编号；纵轴代表工作状态，即 1 代表正常工作，2 代表弧故障。蓝色圆圈表示实际工作状态，红色星号表示模型检测结果。如果两个符号重合，结果是正确的；否则，结果是错误的。以白炽灯电感串联负载电路为例的 PSO 迭代过程最优值变化如图 4.4 所示，给出了 PSO 算法迭代过程中最优适应值和平均适应值的变化，横轴为训练步数，纵轴为适应值，参数 c 取值为 0.675，g 取值为 13.36。从分类结果中可以看出，除电吹风负载电路的判别准确率较低外，其余负载电路的准确率都比较高。特别是当负载为灯感串联和白炽灯时，检测准确率最高为 100%，平均检测准确率为 92.5%。电吹风负载电路的判别准确率较低的主要原因是正常工作状态和电弧故障状态的时域特征值和频域特征值均比较接近[34]。

表 4.1　PSO-SVM 分类准确率

负载类型	样本数	正确识别样本数	正确率
灯感串联	20	20	100%
白炽灯	20	20	100%
电吹风	20	15	75%
电磁炉	20	19	95%
手电钻	20	19	95%
计算机	20	18	90%
汇总	120	111	92.5%

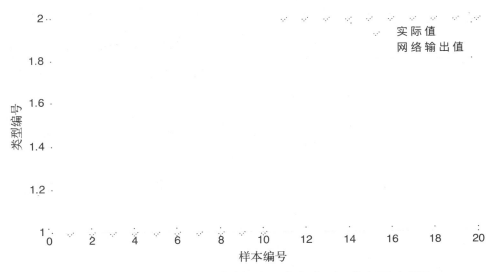

图 4.3 PSO-SVM 分类结果（白炽灯电感串联电路）

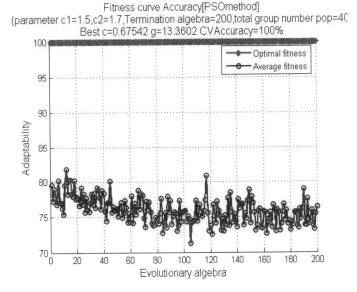

图 4.4 PSO 迭代过程最优值变化（白炽灯电感串联电路）

4.5 本章小结

本章提出了基于粒子群优化支持向量机的串联电弧故障检测方法，具体工作如下：

（1）支持向量机算法的分类性能很大程度上取决于惩罚参数 c 和 RBF 核函数参数 g 的选择。选择这两个参数的传统方法普遍计算量较大、耗时较长、效率较低，因此找到一个合适的方法选择参数 c 和 g，以加快计算速度和提高准确率，成为建立支持向量机模型的关键。利用粒子群优化算法对这两个参数进行选择，可以减少计算量，提高算法运行效率和分类准确性。

（2）将粒子群优化支持向量机算法模型应用于电弧故障检测。其中，输入共有 49 个节点，分别为从电流平均值、电流极差值、相邻区间电流差均值和电流方差值 4 个时域特征中提取的 39 个节点数据和从频域中提取的 10 个平均幅值节点数据；输出为电路工作状态，即电弧故障或者正常工作。仿真结果表明，当负载为灯感串联和白炽灯时，检测准确率最高为 100%；当负载为电吹风时，检测准确率最低为 75%；平均准确率为 92.5%。电吹风负载电路的判别准确率较低的主要原因是正常工作状态和电弧故障状态的时域特征值和频域特征值均比较接近。

4.6 参考文献

[1] Cortes C, Vapnik V. Support-vector networks[J]. Machine Learning, 1995, 20(3): 273-297.

[2] 郭晨晨. 支持向量机算法的若干改进及其研究[D]. 临汾: 山西师范大学, 2018.

[3] 张沫, 郑慧峰, 倪豪等. 基于遗传算法优化支持向量机的超声图像缺陷分类[J]. 计量学报, 2019, 40(5): 887-892.

[4] 宋晓茹, 曾杰, 高嵩等. 基于差分最小二乘支持向量机的目标识别[J]. 科学技术与工程, 2018, 18(16): 68-73.

[5] 高超, 许翰林. 基于支持向量机的不均衡文本分类方法[J]. 现代电子技术, 2018, 41(15): 183-186.

[6] 梁东, 杨永全, 魏志强. 基于支持向量机的网页正文内容提取方法[J]. 计算机与现代化, 2018, 9: 21-26.

[7] 吕宁, 姜怀斌. 分段最小二乘支持向量机的故障诊断[J]. 哈尔滨理工大学学报, 2018, 23(6): 94-99.

[8] 熊景鸣, 潘林, 朱羿. DBN 与 PSO-SVM 的滚动轴承故障诊断[J]. 机械科学与技术, 2019, 38(11): 1726-1731.

[9] 郝建军, 王启银, 张兴忠. 基于支持向量机的电网通信入侵检测技术[J]. 电测与仪表, 2019, 56(22): 109-114.

[10] 柯钢. 改进粒子群算法优化支持向量机的入侵检测方法[J]. 合肥工业大学学报: 自然科学版, 2019(10):1341-1345.

[11] 丛日立, 赵明宇, 周洋. 基于参数优化的电力变压器故障诊断模型[J]. 电测与

仪表, 2019, 56(22):84-88.

[12] 李村合, 张振凯, 朱洪波. 基于半监督学习的多示例多标签改进算法水[J]. 电子技术应用, 2019, 45(7): 32-39.

[13] 李亦滔. 基于支持向量机的改进分类算法[J]. 计算机系统应用, 2019, 28(10): 145-151.

[14] 梁礼明, 陈明理, 邓广宏等. 分形理论下支持向量机核函数选择[J]. 科学技术与工程, 2019, 19(13): 131-138.

[15] 刘明珠, 李晓琴, 陈洪恒. 基于支持向量机的语音情感识别算法研究断[J]. 哈尔滨理工大学学报, 2019, 24(4): 118-126.

[16] 冯起斌, 李鸿燕. 基于多分类支持向量机和主体延伸法的基音检测算法[J]. 现代电子技术, 2019, 42(22): 150-158.

[17] 孙志鹏, 崔青, 张志磊等. 多分类支持向量机在电力变压器故障诊断中的应用[J]. 电气技术: 2019, 10: 25-28.

[18] 吴青, 臧博研, 祁宗仙. 基于压缩感知的多核稀疏最小二乘支持向量机[J]. 系统工程与电子技术, 2019, 41(9): 1930-1936.

[19] 郭浩然, 李泽滔. 遗传算法优化支持向量机的光伏阵列故障诊断研究[J]. 智能计算机与应用, 2019, 9(5):58-62.

[20] 程换新, 黄震, 骆晓玲. 基于改进学生支持向量机的热电厂脱硫系统 pH 值预测[J]. 青岛科技大学学报(自然科学版), 2019, 40(5): 101-106.

[21] 边肇祺, 张学工. 模式识别(第二版) [M]. 北京: 清华大学出版社, 2007.

[22] 邓海波, 常柱刚, 李胡涛等. 基于 SVM-PSO 算法的大跨度悬索桥挠度可靠度研究[J]. 铁道科学与工程学报, 2019, 16(1): 114-120.

[23] 胡清, 王荣杰, 詹宜巨. 基于支持向量机的电力电子电路故障诊断技术[J]. 传感器与微系统, 2008, 28(12): 107-111.

[24] 蒋生强. 高效支持向量机的研究与实现[D]. 成都: 电子科技大学, 2018.

[25] 易校石. 线性可分支持向量机的算法及应用[D]. 重庆: 重庆师范大学, 2018.

[26] 徐贞华. 支持向量机的低压故障电弧识别方法[J]. 电力系统及其自动化学报, 2012,24(2): 128-131.

[27] 吕明珠, 苏晓明, 陈长征. 改进粒子群算法优化的支持向量机在滚动轴承故障诊断中的应用[J]. 机械与电子, 2019, 37(1): 42-48.

[28] 刘信彤. 基于改进支持向量机的电力系统暂态稳定评估[D]. 吉林: 东北电力

大学, 2019.

[29] 侯敏杰. 基于不平衡数据的支持向量机和决策树算法的研究[D]. 大连: 大连理工大学, 2019.

[30] 荆晓宇. 基于粒子群优化支持向量机的地铁沉降预测研究[D]. 青岛: 山东科技大学, 2019.

[31] R. Eberhart, J. Kennedy. A new optimizer using particle swarm theory. In International Symposium on MICRO Machine and Human Science[C]. 1995, 39-43.

[32] 张庆科. 粒子群优化算缸盈差分进化算法研究[D]. 济南: 山东大学, 2017.

[33] 贺心皓, 罗旭. 基于粒子群优化算法的支持向量机参数选择[J]. 计算机系统应用, 2019, 28(8): 241-245.

[34] Na Qu, Jiankai Zuo, Jiatong Chen, Zhongzhi Li. Series arc fault detection of indoor power distribution system based on LVQ-NN and PSO-SVM[J]. IEEE access, 2019, 7: 184020-184028.

第 5 章　基于稀疏表示的电弧故障检测

稀疏表示算法具有准确性高、无须反复训练等优势。但是传统基于 L_p 范数正则化的稀疏表示算法选择同一正则化阶次 p 时，可能会因为样本数据改变而降低稀疏性和准确性，针对此问题提出了可调节正则化阶次 p 的 L_p 范数正则化方法。提高模型准确性的另一种方法是增加训练样本，但是传统稀疏表示的单字典学习方法难以表示大量训练样本，针对此问题提出了多字典学习方法。仿真结果表明，可调节正则化阶次 p 的 L_p 范数正则化方法和多字典学习方法均可以提高稀疏表示电弧故障检测模型的准确率。

5.1 稀疏表示算法介绍

稀疏表示算法是将测试样本在给定的论域中表示成不同类别训练样本的线性组合形式。其中，同类别训练样本的系数较大，不同类别训练样本的系数很小甚至为零。由于同类别的训练样本数量和总体样本数量相比较少，因此可以大幅度降低信号的冗余成分，关键问题在于稀疏字典构建与优化求解算法的设计。稀疏表示用于分类的核心思想是将测试样本在训练样本域下稀疏表示，并分别采用各类别子字典对测试样本进行稀疏重构，依据合适的判别条件实现分类。

1996 年，Olshausen 和 Field 在《Nature》上发表了一篇关于稀疏编码的论文，提出了稀疏表示算法[1]。其基本思想是在变换域上用尽可能少的原子或者基函数通过线性表示来逼近原始信号，从而实现复杂信号的简单表示。该论文一经发表，关于稀疏表示算法的研究进入了快速发展阶段，已经成为近几年信号处理领域的研究热点之一，并在图像处理、模式识别等方面的应用上取得巨大成就。2011 年，杨蜀秦等提出了一种基于稀疏表示的大米品种识别方法。以长江米、圆江米、粳米、泰国香米、红香米和黑米 6 种大米籽粒图像作为研究对象，采用颜色和形态结构参数表示单个籽粒。并将稀疏表示方法与 BP 网络和 SVM 方法的识别结果做了对比，稀疏表示法获得了最好的识别效果[2]。2013 年，Z. L. Jiang 提出了 K-SVD 和 LC-KSVD 算法来学习稀疏代码中的分类字典，并且用分类标签训练数据。在字典学习过程中，联系了每项字典的标签信息[3]。2014年，陈思宝提出了两种核化的稀疏表示字典学习（DL）方法。首先，将原始训练数据投影到高维核空间，进行基于 Fisher 判别的核稀疏表示 DLFDKDL；其次，在稀疏系数上附加核 Fisher 约束，进行基于核 Fisher 判别的核稀疏表示 DL（KFDKDL）[4]。王保宪建立了一个双向联合稀疏表示的跟踪模型，该模型通过 L_2 范数约束正反向稀疏相关系数矩阵达到一致收敛[5]。2015年，练秋生等详细介绍了综合字典、解析字典、盲字典和基于信息复杂度字典学习的基本模型及其算法，阐述了字典学习的典型应用[6]。齐会娇等在鉴别字典学习及联合动态稀疏表示模型的基础上，提出一种基于多信息字典学习及稀疏表示的 SAR 目标识别方法[7]。2016年，储向锋等针对背景复杂的目标跟踪领域，提出了基于稀疏表示联合外观模型的目标跟踪算法。将生成模型中得到的块结构稀疏系数进行汇集操作并进行联合加权处理，保留目标的空间结构和局部信息[8]。2017年，黄不了等提出基于谱回归的核稀疏表示法，该方法首先采用谱回归分析得到转换矩阵，并利用该矩阵对样本数据进行特征提取；其次通过考核方法将其投影到高维特征空间；最后在高维特征空间中使用该方法识别人脸图像[9]。2018年，张江梅提出了基于稀疏表示的多任务学习核素识别法，该方法首先建立一个迁移矩阵，其次对测量能谱进行建模，该模型表示为独立核素能谱的瞬时叠加，将核素识别问题转化为多种核素能谱的稀疏分解问题实现多核素识别[10]。2019年，胡静提出基于低秩矩阵恢复的群稀疏表示人脸识别方法。该方法通过低秩矩阵恢复算法恢复每子类训练样本；构建低秩成分与原始训练数据之间的低秩映射关系矩阵，并利用该矩阵将测试样本映射到潜在的子空间；计算测试样本在训练集上的群稀疏表示，结合重构残差与类关联系数进行识别[11]。

5.2 欠定线性系统

欠定线性系统是稀疏表示算法的基础。考虑一个矩阵 $D \in R^{n \times m}$，$n < m$，并定义由方程组 $Dx = y$ 描述的欠定线性系统。在这个系统中，未知量多于方程数。如果 y 不在矩阵 D 列向量张成的空间中，则这个系统无解；反之，有无穷解。为避免无解的情况，设定 D 为满秩矩阵，即列向量张成整个 R^n 空间[12]。

欠定线性方程组 $Dx = y$ 可能存在无穷多个解，为了将选择范围缩小为一个满意解，就必须增加条件。常用的加条件方法就是正则化，即引入一个对 x 的候选解进行合理性评价的函数 $J(x)$，并期望其值越小越好。对常规的优化问题定义为式（5.1）。

$$\min J(x) \quad s.t. \quad Dx=y \tag{5.1}$$

用 $J(x)$ 约束可能解的类型，最常见的 $J(x)$ 函数是欧几里得范数的平方 $\|x\|_2^2$，即 L_2 范数。使用拉格朗日乘子，定义式（5.2）。

$$L(x) = \|x\|_2^2 + \lambda^T(Dx-y) \tag{5.2}$$

λ 为约束集合所对应的拉格朗日乘子。$L(x)$ 为关于 x 的导数，得到式（5.3）。

$$\frac{\partial L(x)}{\partial x} = 2x + D^T\lambda \tag{5.3}$$

得到解，如式（5.4）。

$$\hat{x}_{opt} = -\frac{1}{2}D^T\lambda \tag{5.4}$$

将解代入 $Dx=y$，得到式（5.5）和式（5.6）。

$$D\hat{x}_{opt} = -\frac{1}{2}DD^T\lambda = b \tag{5.5}$$

$$\lambda = -2(DD^T)^{-1}b \tag{5.6}$$

将式（5.6）代入式（5.4）得到闭合形式的伪逆解，如式（5.7）。

$$\hat{x}_{opt} = -\frac{1}{2}D^T\lambda = D^T(DD^T)^{-1}b = D^+b \tag{5.7}$$

由于已设定 D 为满秩，因此矩阵 DD^T 是正定的，也为可逆的。由于 L_2 范数比较简单而且能够给出闭合形式的唯一解，因此被广泛应用于各个领域。但利用 L_2 范数得到的解不具有或具有较弱的稀疏性，在解决某些问题时不是最佳的选择，需要进一步讨论其他类型范数。

L_1 范数考虑的是所有元素的绝对值之和，这里对 L_1 范数正则化是否能有让解变得稀疏进行讨论。假设一个最优解 x_{opt}，具有 $k > n$ 个非零值。由 x_{opt} 线性组合而成的 k 列是线性相关的，因此存在一个不为零的向量 h，能够使 $Ah=0$。引入向量 $x = x_{opt} + \varepsilon h$，其中 ε 为很小的值，满足：

$$|\varepsilon| \le \min_i |x_{opt}^i| / |h^i| \tag{5.8}$$

显然这个向量需要满足线性约束 $Ax=0$，因此也是一个可行解，可以假设：

$$\forall |\varepsilon| \leq \min_i \frac{|x_{opt}^i|}{|h^i|} \quad \|x\|_1 = \|x_{opt} + \varepsilon h\|_1 \geq \|x_{opt}\|_1 \tag{5.9}$$

在 L_1 函数连续可微的区域内，无论 ε 是正还是负，式（3.29）均应成立，所以只能取等于号。表明此情况下对 h 做加减运算不改变解的长度。若 x_{opt} 的所有元素均为正，则 h 的元素应该有正有负且总和为 0。调整 ε 使 x_{opt} 的一个元素为零，同时保持解的长度不变。选择 $|x_{opt}^i|/|h^i|$ 比值最小系数 i，令 $\varepsilon = -x_{opt}^i / h^i$，此时向量 $x_{opt} + \varepsilon h$ 中的第 i 个元素是零，其他元素符号不变，且：

$$\|x_{opt} + \varepsilon h\|_1 = \|x_{opt}\|_1 \tag{5.10}$$

因此可以得到一个最多包含 $k-1$ 个非零值的最优解，即最少一个元素归零，L_1 范数具有得到稀疏解的倾向。在此基础之上，可以进一步推导出当 $p \leq 1$ 时，L_p 范数正则化可以得到稀疏解。因此本文建立的基于 L_p 范数正则化的稀疏表示模型中，p 值均小于等于 1。

5.3 L_p 范数正则化

在正则化时引入的合理性评价函数 $J(x)$，取 L_p 范数的形式：

$$\min \|x\|_p^p \quad s.t. \quad Dx=y \tag{5.11}$$

其中，L_p 范数为：

$$\|x\|_p = (\sum_{i=1}^n |x_i|^p)^{1/p} \tag{5.12}$$

通过前面分析可知当 $p \leq 1$ 时，会得到稀疏解，因此典型选择 $J(x)$ 为 L_0 范数、$L_{1/4}$ 范数、$L_{1/2}$ 范数、$L_{3/4}$ 范数、L_1 范数等，进行稀疏系数求解。其中求解 L_0 范数是一个非确定性多项式（NP）难问题，计算量非常大，通常在满足有限等距（RIP）条件时，将 L_0 范数求解问题转换成等价的 L_1 范数求解问题[13]-[16]。

在实际应用中，由于存在误差，通常会将式（5.12）写成式（5.13）的形式。

$$\hat{x} = \arg\min_x \|x\|_p \quad s.t. \quad \|y - Dx\|_2^2 \leq \varepsilon \tag{5.13}$$

$\hat{x}$ 为 x 的近似解，ε 为误差阈值，$y=[y_1,\cdots,y_n]^T$ 为测试向量。

5.4 字典学习

字典学习是稀疏表示算法的核心问题。早期提出的主成分分析和独立成分分析都是通过训练样本学习信号的自适应表示，可以看作字典学习的萌芽阶段。主成分分析主要应用于数据压缩和模式识别系统中的特征降维；独立成分分析是一种通过对训练样本进行学习获得非正交基的高阶统计分析方法，主要应用于盲源分离。上述两者虽然都有字典学习的雏形，但是没有显式地利用稀疏先验。真正意义上的字典学习方法始于 1993 年，Mallat 和 Zhang 发表了一篇奠基性论文，首次阐述了过完备字典概念[17]-[19]。近年来，利用训练样本学习过完备字典，设计通用性强、简单、高效的字典学习算法成为机器学习领域的研究热点之一。

稀疏表示使用少量的非 0 系数表示信号的主要信息，从而简化信号处理问题的求解过程。稀疏表示模型如式（5.14）所示。

$$y = \sum_{i=1}^{L} d_i x_i = Dx \qquad\qquad s.t.\ \min\|x\|_0 \qquad\qquad (5.14)$$

式中，$y \in R^n$ 为待处理信号；$D \in R^{(n \times m)}$ 为字典，d_i 为原子；$x \in R^m$ 为稀疏系数，x 只有有限个非零元素，则称 x 是稀疏的；$\|x\|_0 \ll m$，$\|x\|_0$ 为 x 的 0 范数，表示 x 中非 0 元素的个数，即表示 x 的稀疏度。

稀疏字典根据信号特性以及字典构造方式，可以是完备或者过完备的。如果字典 D 中的原子恰能够张成 n 维的欧氏空间，则字典 D 是完备的；如果 $m > n$，字典 D 是冗余的，同时保证还能张成 n 维的欧氏空间，则字典 D 是完备的。完备字典的数学表现为一个方阵，结构紧凑、利于快速处理和存储数据，但是处理复杂信号时，无法完全满足稀疏性的要求，常见完备字典有正交小波字典、双正交小波字典等。过完备字典也被称为冗余字典，其数学表现为一个扁矩阵，信号在过完备字典上可能有多种稀疏表示情况，通常选取稀疏程度最高的一种情况作为求解结果。

根据稀疏编码的基本理论，Wright 等提出了基于分类的稀疏表示方法，该方法直接将不同类别的训练样本集作为字典[20][21]。这种学习方法首先要建立信号实例的训练数据库，利用它们构造出基于经验学习的字典，字典中的原子来自经验数据，此类字典在应用中可以被当成一个固定的冗余字典，即过完备字典。基于过完备字典的稀疏表示问题实质上就是在稀疏约束下所测得的信号与估量信号之间的拟合问题。数学解释：将输入信号以列为单位，每一列称为一个原子，每一个原子与字典进行拟合，寻找最优"基"进行表示，并将得到的残差控制在一个较小的范围内，最后获得的系数组合成一个矩阵，即稀疏系数矩阵。

5.5 基于可调节正则化阶次和多字典的电弧故障检测

5.5.1 过完备字典设计

过完备字典设计原理是测试样本表示为含有不同系数的训练样本的线性组合，且在训练样本集合上的表示系数应该是稀疏的，在相同类别训练样本的系数绝对值较大，不同类别训练样本的系数等于或接近于零。利用稀疏表示方法进行电弧故障检测时，选取不同类型负载电路的电流特征训练样本构成学习字典 D。字典 D 的行数为 6，是选取样本特征的个数。6 个样本特征值分别取电流幅值频谱中 0Hz、50Hz、100Hz、150Hz、200Hz、250Hz 时幅值的标准化数值，其中一组数值如表 5.1 所示。标准化的方法是分别将 0Hz、50Hz、100Hz、150Hz、200Hz、250Hz 处的幅值除以对应类别中的幅值最大值，标准化数值在 0 和 1 之间。待检测类别有两类，即 $n=2$，分别为正常工作和电弧故障。列数为两类训练样本的总数，即 $D=[D_1 \ D_2]$，正常工作的训练样本为 18 组数据，电弧故障的训练样本为 18 组数据，训练样本共计 36 组数据，所以字典 D 的列数为 36 列。即字典 D 为 6×36 的矩阵。

表 5.1 电流幅值频谱及其标准值

工作状态	负载类型	0Hz	50Hz	100Hz	150Hz	200Hz	250Hz
正常工作	阻性	224 /0.008	28020/ 1	44/ 0.002	1011/0.036	21/ 0.001	120/0.004
	阻感性	5.6 /0.03	185.4/1	0.2/0.001	3.1/0.017	0.3/0.002	1.3/0.007
	直流电机	532/ 0.003	176421/1	122/ 0.001	1757/0.01	102/0.001	1697/0.01
	串激电机	462/0.003	145375/1	293/ 0.002	16870/ 0.116	176/0.001	1391/0.01
	涡流	235/ 0.014	16333/1	7/0	937/0.057	32/0.002	150/0.01
	开关电源	354/ 0.02	17922/1	63/0.003	12643/ 0.705	53/0.003	6265/0.35
电弧故障	阻性	2555/ 0.116	22031 /1	1778/0.081	9448/0.429	2210 /0.1	2252/0.102
	阻感性	4.7/0.02	234.5/1	2.4/0.01	81.6/0.348	17.1/0.073	47.1/ 0.2
	直流电机	608/0.004	173326/1	191 /0.001	6631/0.038	295/0.002	4770/0.028
	串激电机	1004/0.013	76797/1	9059/0.118	31593/ 0.411	5534/0.072	5397/0.07
	涡流	392/ 0.639	388/0.633	183/0.299	613 /1	116/0.189	287/0.468
	开关电源	538/0.191	2821/1	246/0.087	649/0.23	1576/0.559	636/0.225

5.5.2 可调节正则化阶次方法的电弧故障电流检测

目前关于 L_p 范数正则化稀疏表示算法的研究中，正则化阶次 p 为固定参数。但是当样本数据改变时，取同一正则化阶次会导致检测结果的稀疏性和准确性下降，是基于 L_p 范数正则化的稀疏表示算法存在的主要问题之一。针对此问题，本章提出了可调节正则化阶次的 L_p 范数正则化方法。

用 $\hat{x}$ 表示 y 在字典 D 上第 i 类的投影系数。当判别 y 为第 i 类时，用 $\hat{y}_i = D\hat{x}$ 近似 y。$\hat{y}_i$ 与 y 距离（即残差）越小，$\hat{y}_i$ 属于第 i 类的可能性越大，残差最小值计算如式 (5.15) [22][23]。

$$r_i(y) = \min_i(\|y - D\hat{x}\|_2)$$ (5.15)

利用计算残差最小值的方法来调节正则化阶次 p，设置正则化阶次 p 的初始值 $p_0=0.1$，步长 $a=0.1$，终止值 $p_n=1.0$。其中步长为 0.1，是在多次仿真实验基础上兼顾了计算速度与准确性而设置的。将参数值分别输入稀疏表示模型，并计算残差的最小值，则最小值对应的正则化阶次 p 为在线调节值[24][25]。

在图 5.1 中，测试样本数据 $y=$ [0.009; 1; 0.001; 0.036; 0.001; 0.005]，来自为白炽灯负载电路正常工作时的电流幅值频谱。在投影系数子图中，横轴 1~18 为正常工作训练样本编号，19~36 为电弧故障训练样本编号。训练样本来自电阻负载、阻感负载、直流电机负载、串激电机负载、涡流负载和开关电源负载条件下的电流幅值频谱。每种负载类型的电流幅值频谱样本值在正常工作或电弧故障情况下各取 3 组数据。通过多次仿真实验，发现每种类型的负载取 3 组数据具有较好的代表性和运行效率。共 6 种负载类型，则正常工作的训练样本为 18 组数据，电弧故障的训练样本为 18 组数据，训练样本共计 36 组数据。纵坐标是测试样本在每个训练样本上的投影系数。在残差分类子图中，横轴是检测结果的类别。第一类是正常工作，第二类是电弧故障。纵坐标是残差值。当正则化阶次 p 从 0.1 取到 1，步长为 0.1 时，投影系数和残差分类如图 5.1(a)~(J) 所示。可以看出，图 5.1(J)即 $p=1.0$，残差值最小，稀疏性和准确性最好。此时正则化阶次 p 的调整值为 $p=1.0$，所以检测结果根据图 5.1(J)确定。从图 5.1(J) 的投影系数子图中可以看出，横轴编号 1~18（正常工作）的投影系数要比编号 19~36（电弧故障）的投影系数大。从图 5.1(J) 的残差分类子图中可以看出，当 y 属于第一类（正常工作）时，残差值较小。由此可以判断检测结果是正常工作，与已知测试样本类型一致，说明检测结果正确。

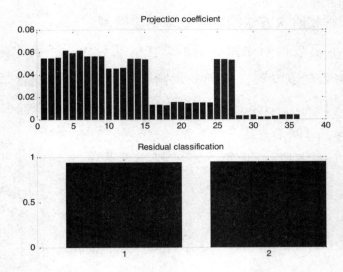

(a) *p*=0.1

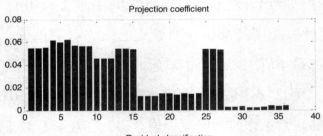

(b) *p*=0.2

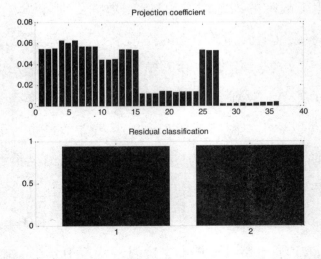

(c) *p*=0.3

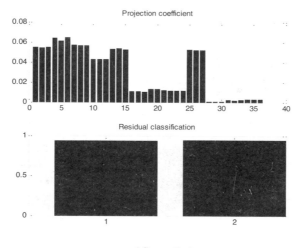

(d) $p=0.4$

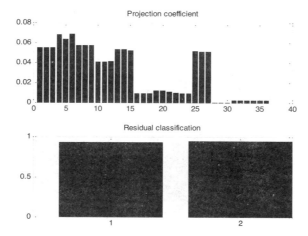

(e) $p=0.5$

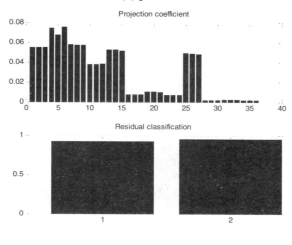

(f) $p=0.6$

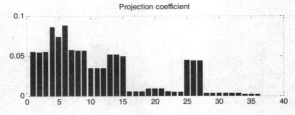
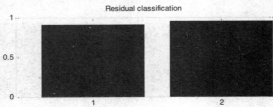

(g) p=0.7

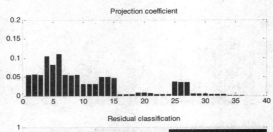
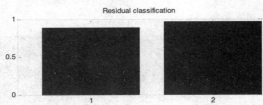

(h) p=0.8

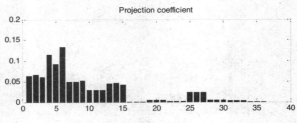
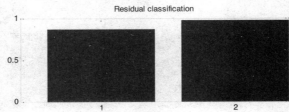

(i) p=0.9

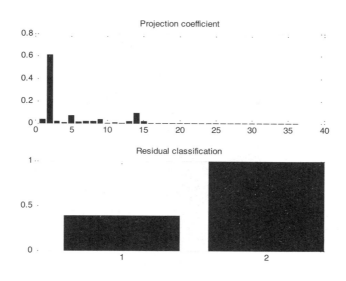

(j) $p=1$

图 5.1 白炽灯负载正常工作仿真

在图 5.2 中，测试样本数据 y=[0.5; 0.769; 0.089; 1; 0.139; 0.318]，来自电磁炉负载电路出现电弧故障时的电流幅值频谱。当正则化阶次 p 从 0.1 取到 1，步长为 0.1 时，投影系数和残差分类如图 5.2 (a) ~ (J) 所示。可以看出，图 5.2 (c) 即 p = 0.3 时，残差值最小，稀疏性和准确性最好。此时正则化阶次 p 的调整值为 p =0.3，检测结果根据图 5.2(c)确定。从图 5.2(c)的投影系数子图中可以看出，横轴编号 19~36（电弧故障）的投影系数要比编号 1~18（正常工作）的投影系数大。从图 5.2(c)的残差分类子图中可以看出，当 y 属于第二类（电弧故障）时，残差值较小。由此可以判断检测结果是电弧故障，与已知测试样本相符，结果正确。

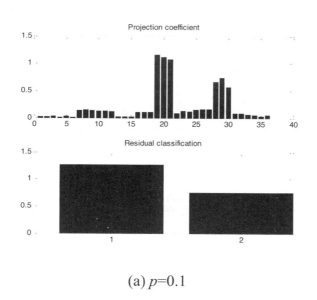

(a) p=0.1

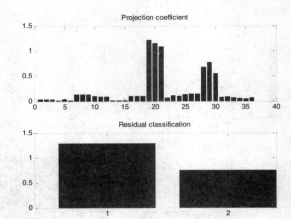

(b) *p*=0.2

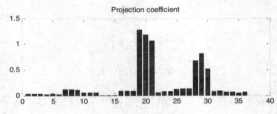

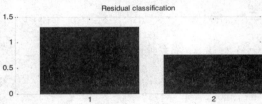

(c) *p*=0.3

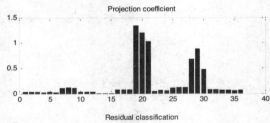

(d) *p*=0.4

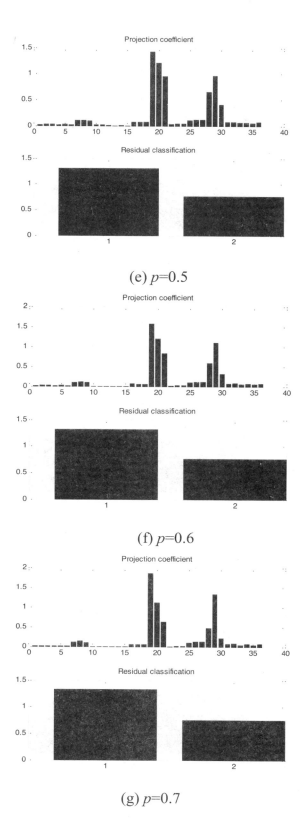

(e) $p=0.5$

(f) $p=0.6$

(g) $p=0.7$

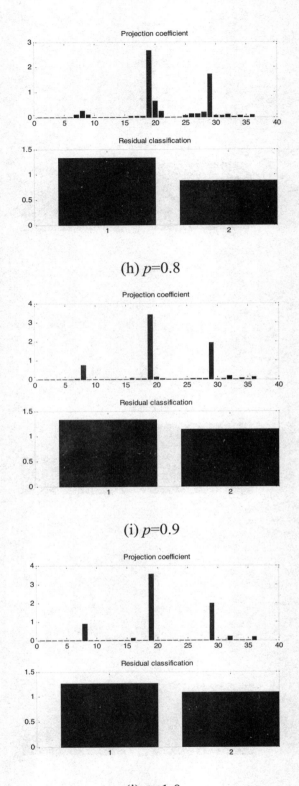

(h) p=0.8

(i) p=0.9

(j) p=1.0

图 5.2 电磁炉负载电弧故障仿真

将可调节正则化阶次 p 的方法与固定次 p 的方法进行比较，固定阶次 p 的典型值分别为 1、3/4、1/2、1/4。当 p=1/2 （p=0.5） 和 p=1 时，图 5.1 和图 5.2 中已经给出了仿真结果。测试样本数据 y=[0.5; 0.769; 0.089; 1;0.139;

0.318], 来自电磁炉负载电弧故障电流幅值频谱，$p=1/4$ 和 $p=3/4$ 的仿真结果如图 5.3 和图 5.4 所示。采用不同范数时的电弧故障检测准确率如表 5.2 所示，可以看出可调节正则化阶次 p 的 L_p 范数正则化方法准确率最高。

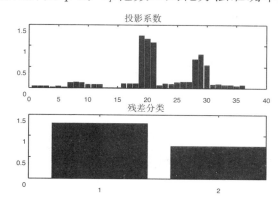

图 5.3 电磁炉负载电弧故障仿真 （$p=1/4$）

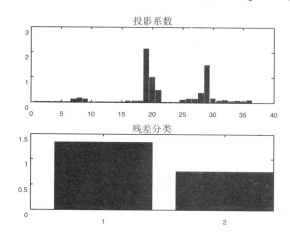

图 5.4 电磁炉负载电弧故障仿真 （$p=3/4$）

表 5.2 不同范数时的电弧故障检测准确率

L_p 范数	L_1 范数	$L_{3/4}$ 范数	$L_{1/2}$ 范数	$L_{1/4}$ 范数
100%	98%	95%	72%	58%

5.5.3 多字典学习方法的电弧故障电流检测

稀疏表示算法中过完备字典由训练样本组成，增加训练样本的数量可以提高测试的准确性。但是如果训练样本的数量太多，就很难用单字典来表达。本章提出了一种多字典学习方法来解决这一问题，原理如图 5.5 所示。首先，选取 n 个训练样本，构成 s 个过完备字典；其次，由 s 个过完备字典构建字典库。从字典库中随机选取 t ($t \le s$) 个字典，分别判断测试结果。最后，通过最大投票数确定最终测试结果，即票数最多的类别是最终测试结果[26]。

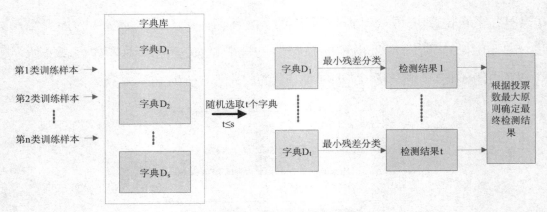

图 5.5 多字典学习原理

选择 20 组字典构成字典库。为了兼顾准确性与实时性，每次随机从字典库中选择 5 组字典进行分类识别。分类识别时，选用稀疏性和准确性均较高的 $L_{3/4}$ 范数正则化算法。从字典库中随机选取 5 组字典，记为 D_1，D_2，D_3，D_4，D_5。测试样本采用白炽灯和电感串联负载时电弧故障的标准化数据为 $y=[0.02;1;0.016;0.27;0.081;0.158]$。测试样本在字典为 D_1 时的分类结果如图 5.6 所示。图 a 可以看出，横坐标 22~24 上的投影系数大，图 b 中 2 类即电弧故障时残差投影小，可以判断此时为电弧故障，结果正确。测试样本在字典为 D_2 时的分类结果如图 5.7 所示。测试样本在字典为 D_3 时的分类结果如图 5.8 所示，测试样本在字典为 D_4 时的分类结果如图 5.9 所示，测试样本在字典为 D_5 时的分类结果如图 5.10 所示。5 组测试结果均为电弧故障，因此，综合判断结果为电弧故障，与已知样本类型一致，结果正确。

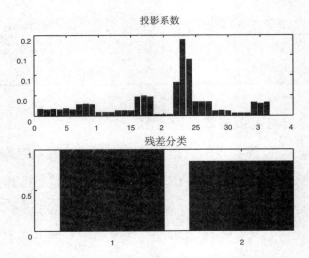

图 5.6 字典为 D_1 时的分类 (a) 投影系数 (b) 残差分类

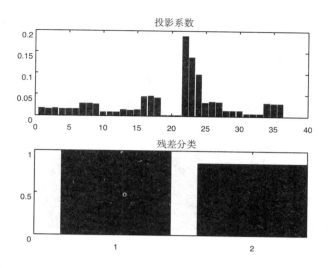

图 5.7 字典为 D_2 时的分类 (a) 投影系数 (b) 残差分类

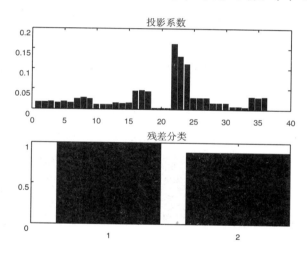

图 5.8 字典为 D_3 时的分类 (a) 投影系数 (b) 残差分类

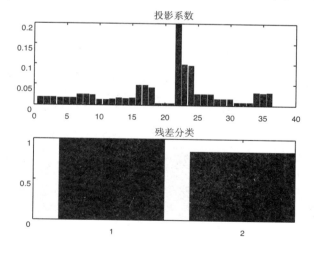

图 5.9 字典为 D_4 时的分类 (a) 投影系数 (b) 残差分类

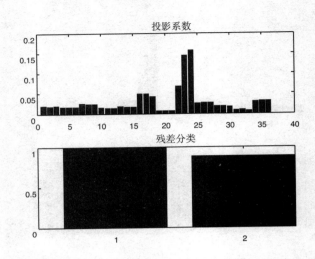

图 5.10 字典为 D_5 时的分类 (a) 投影系数 (b) 残差分类

5.6 本章小结

本章提出了基于可调正则化阶次和多字典的稀疏表示方法实现电弧故障检测，具体工作如下：

(1) 当样本数据改变时，取同一正则化阶次会导致检测结果的稀疏性和准确性下降，这是基于 L_p 范数正则化的稀疏表示算法存在的主要问题之一。针对此问题，提出了可调节正则化阶次的 L_p 范数正则化方法。利用计算残差最小值的方法来调节正则化阶次 p，设置正则化阶次 p 的初始值 $p_0=0.1$，步长 $a=0.1$，终止值 $p_n=1.0$。将参数值分别输入稀疏表示模型，并计算残差的最小值，则最小值对应的正则化阶次 p 为在线调节值。将此方法应用于电弧故障检测，并与固定正则化阶次方法对比，检测准确率有明显提高。

(2) 稀疏表示算法中过完备字典由训练样本组成，增加训练样本的数量可以提高测试的准确性。但是如果训练样本的数量太多，就很难用单字典来表达。本章提出了多字典学习方法来解决这一问题。首先，选取 n 个训练样本，构成 s 个过完备字典；其次，由 s 个过完备字典构建字典库。从字典库中随机选取 t $(t≤s)$ 个字典，分别判断测试结果。最后，通过最大投票数确定最终测试结果，即票数最多的类别是最终测试结果。将此方法应用于电弧故障检测，可以提高检测准确率。

5.7 参考文献

[1] Olshausen B A. Emergence of imple-cell receptive field properties by learning a

sparse code for natural images[J]. Nature, 1996, 381(6583): 607-609.

[2] 杨蜀秦, 宁纪锋, 何东健. 基于稀疏表示的大米品种识别[J]. 农业工程学报, 2011, 27(3): 191-195.

[3] Z. L. Jiang, Z. Lin, L. S. Davis. Label consistent K-SVD: learning a discriminative dictionary for recognition[J]. IEEE Trans. On Pattern Analysis and Machine Intelligence, 2013, 35(11): 2651-2664.

[4] 陈思宝, 赵令, 罗斌. 基于核 Fisher 判别字典学习的稀疏表示分类[J]. 光电子·激光, 2014, 25(10): 89-93.

[5] 王保宪, 赵保军, 唐林波. 基于双向稀疏表示的鲁棒目标跟踪算法[J]. 物理学报, 2014, 63(23): 234201-1-234201-11.

[6] 练秋生, 石保顺, 陈书贞. 字典学习模型、算法及其应用研究进展[J]. 自动化学报, 2015,41(2): 240-260

[7] 齐会娇, 王英华, 丁军, 刘宏伟. 基于多信息字典学习及稀疏表示的 SAR 目标识别. 系统工程与电子技术[J]. 2015, 37(6): 1280-1287.

[8] 储向锋, 朱春, 胡晓飞. 基于稀疏表示的目标跟踪算法[J]. 南京邮电大学学报(自然科学版), 2016, 36(4): 101-106.

[9] 黄不了, 刘明明, 孙伟等. 基于谱回归的核稀疏表示分类方法[J]. 计算机应用, 2017, 37(S1): 97-102.

[10] 张江梅, 季海波, 王坤朋等. 稀疏表示与多任务学习的复杂核素识别[J]. 哈尔滨工业大学学报, 2018, 50(10):78-84.

[11] 胡静, 陶洋, 郭坦. 基于低秩矩阵恢复的群稀疏表示人脸识别方法[J]. 计算机工程与设计, 2019, 40(12): 3588-3593.

[12] Michael Elad. Sparse and Redundant Representations: From Theory to Applications in Signal and Image Processing[M]. Springer, 2010.

[13] 宋相法. 基于稀疏表示和集成学习的若干分类问题研究[D]. 西安: 西安电子科技大学, 2014.

[14] Hoyer P O. Non-negative matrix factorization with sparseness constraints[J]. Journal of Machine Learning Research, 2004, 5(3): 1457-1469.

[15] Jiang Z L, Lin z, Davis L S. Label consistent K-SVD: learning a discriminative dictionary for recognition[J]. IEEE transactions on pattern analysis and machine intelligence, 2013, 35(11): 2651-2664.

[16] Emmanuel Candes, Terence Tao. Near optimal signal recovery from random projections: universal encoding strategies[J]. IEEE transactions on information theory. 2006,52(12): 5406-5425.

[17] Mallat S, Zhang Z. Matching pursuits with time-frequency dictionaries[J]. IEEE Transactions on Signal Processing, 1993, 41(12): 3397−3415.

[18] 陈典兵, 朱明, 高文. 基于残差矩阵估计的稀疏表示目标跟踪算法[J]. 物理学报, 2016, 65(19): 194201-1-10.

[19] 江疆. 基于稀疏表达的若干分类问题研究[D]. 武汉: 华中科技大学, 2014.

[20] 赵晓龙. 安防系统中的基于稀疏表示的人脸识别研究[D]. 西安: 西北大学, 2014.

[21] J. Wright, A. Yang, A. Ganesh, et al. Robust face recognition via sparse representation[J]. IEEE transactions on pattern analysis and machine intelligence, 2009, 31(2): 210-227.

[22] 张海, 王尧, 常象宇, 徐宗本. $L_{1/2}$ 正则化[J]. 中国科学 E 辑: 信息科学, 2010,40(3): 412-422.

[23] Xu Zongben, Guo Hailiang, Wang Yao, Zhang Hai. Representative of L1/2 Regularization among Lq ($0 < q \leq 1$) Regularizations: an Experimental Study Based on Phase Diagram[J]. Acta Automatica Sinica, 2012, 31(8):1225-1228.

[24] 赵召龙. 稀疏表示框架下的字典学习方法研究[D]. 开封: 河南大学, 2018.

[25] Na Qu , Jianhui Wang, and Jinhai Liu. An Arc Fault Detection Method Based on Current Amplitude Spectrum and Sparse Representation, IEEE transactions on instrumentation and measurement, 2019,68(10): 3785-3792.

[26] Na Qu , Jianhui Wang, and Jinhai Liu. An Arc Fault Detection Method Based on Multidictionary Learning, Mathematical Problems in Engineering, 2018,2018(12): 1-8.

第 6 章 基于 K-均值聚类算法的电弧故障检测

为了实现故障特征的识别，降低阈值法的主观性缺陷，本章提出了一种基于 K-均值聚类（K-means）算法的电弧故障数据分类检测方法。未经处理的电流数据是一种无标签数据，即数据类型（正常/故障）是未知的。在机器学习算法中通常通过无监督学习来处理此类数据，K-means 算法就是典型的无监督学习算法。聚类算法通过计算数据间的某些参数（如欧氏距离、方差、标准差等）来确定数据之间的联系，进而确定数据之间的相关性和中心点。

本章将使用典型的 K-means 算法，以第 3 章中 Cassie 模型仿真实验提取的奇数高次谐波作为特征数据输入算法以进行数据的聚类。通过对数据进行的分类和数据类别中心点的确定来区分故障数据与正常数据的区别，进而实现了电弧故障的检测。在数据样本较小的情况下（共 70 组数据）实现了 100%的分类准确率。

6.1 K-均值算法简介

K-means 算法可实现无标签数据自动分类的无监督学习方法[1]。K-means 算法的步骤是先将全部的输入数据预分类为 K 个数组，并随机抽取 K 个数据作为初始的聚类中心，其中 K 相当于算法的超参数，是预设置的数据总类别。然后分别计算每个数字与聚类中心的欧氏距离，将距离的大小值定义为与聚类中心的相关程度，据此将所有数据首次分配给每个聚类中心成为一个独立的类别。在每个类别有新的数据加入后根据数据之间的距离确定一个新的类别中心，以此迭代计算直至达到算法的终止条件[2]。终止条件一般为：没有数据被分入某个类别或聚类中心值在连续几次迭代中不发生变化抑或数据的误差平方和达到了局部最小值。其中，各数据之间的欧氏距离可以表示为式（6.1）[3]。

$$D_i = \sum_{j=1}^{m} \left(c_{i,j} - x_j \right)^2 \tag{6.1}$$

式中，D_i 表示欧氏距离，$c_{i,j}$ 表示样本中数据的位置，x_j 表示聚类中心的位置。聚

类的目标函数 J 可以表示为：

$$J = \sum_{i=1}^{k} \sum_{x \in c_i} D_i(c_i, x)^2 \qquad (6.2)$$

由质心 c_i 求导可得到新的质心如式 (6.3) 所示：

$$c_k = \frac{1}{m_k} \sum_{x \in c_k} x_k \qquad (6.3)$$

式中，m_k 是聚类中心数，新的聚类中心坐标迭代至设定的最小值时迭代结束，所得的聚类中心坐标即为最终的结果。

K-means 算法的本质是一种将最大期望算法应用于计算高斯混合模型的方式，其中高斯混合模型的单位矩阵可以通过其正态分布的协方差进行表示，其隐变量的后验分布是一组狄拉克函数所得到的特殊情况。

6.2 检测模型的数据样本

6.2.1 线性负载的数据样本

数据样本采用基于 Cassie 模型仿真获取的电流数据，负载选取典型的线性电阻纯电阻、电阻电感串联、电阻并联进行仿真，具体的电路参数如表 6.1 所示[4]-[6]。

表 6.1　线性负载仿真参数

参数	纯电阻	电阻电感串联	电阻并联
电阻值（Ω）	100	300	30
电感值（H）	0	2.20×10^{-2}	0
电压有效值 Us（V）		220	
电弧电压常数 Uc（V）		50	
电弧时间常数 τ（s）		2.5×10^{-4}	

6.2.2 非线性负载的数据样本

选用单相桥式整流电路作为非线性负载对其发生电弧故障时的电流时频域信息进行采集，仿真结果见 3.3.2 节。

6.3 基于 K-均值聚类的电弧故障检测

为了解决仿真结果中非线性负载在故障时无法通过电流时域波形的"零休现象"进行判断的问题，选取整流电路正常和故障情况在不同负载阻值下的奇数高次谐波幅值占基波百分比为特征值。在 6.2 节的基础上，将其中桥式整流电路直流侧负载电阻设置为 30~1000Ω 的随机 35 个阻值，得出故障和正常情况下共 70 组数据。数据组成为五维数组[X1,X2,X3,X4,X5]，其中 X1~X4 分别表示每一组数据的 3 次、5 次、7次、9 次谐波幅值的基波百分比。X5 为数据的标签位，正常工作的数据设置为 normal，故障的数据设置为 fault，用以后续检测分类精度。

为了探究基数次谐波中可用于进行 K-means 电弧故障检测的特征量，将四维谐波幅值数据分别两两组合、三三组合制成二维坐标系和三维坐标系，可得二维坐标系 6个，三维坐标系 4 个。通过 K-means 算法分类后可将原数组分类为故障或正常信号并生成新的标签位。精度测试的原理是对比输入数据的标签定位与算法计算后的数据标签位，若相同则返回 1，不同则返回 0。通过计算返回数据中 0 的比例计算每一个坐标系下的数据分类精度。本章以此方法进行测试，试图找出以某二维或某三维奇数高次谐波占基波幅值分量为特征带入 K-means 算法可得出最高的聚类精度，并将其作为 K-means 算法检测电弧故障的最终数据特征。

K-means 故障特征聚类结果的二维坐标系如图 6.1 所示，结果的三维坐标系如图 6.2 所示。

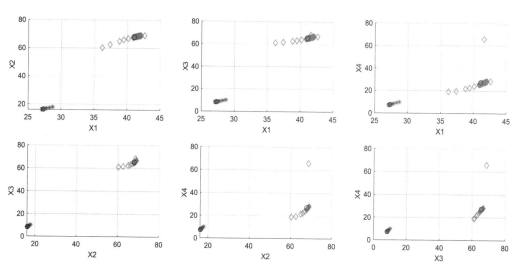

图 6.1 二维坐标系下的 K-means 分类结果

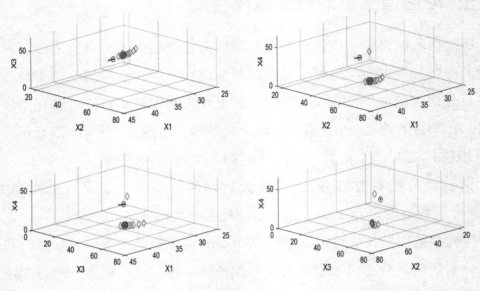

图 6.2   三维坐标系下的 *K*-means 分类结果

经过准确度测试后得出，70 组数据在所有的坐标系下分类的精度均为 100%，但从图中可以看出有一些数据偏离了聚类质心，这说明分类存在一定的误差。由于 *K*-means 聚类算法对于数据的离群点和孤立点较为敏感，在迭代过程中对于离群点的出现，*K*-means 算法存在无法识别即输入与输出相同的情况，从而影响了精度算法的判别。在算法的编写时设置了随机的样本作为初始点，这可能会导致初始点被设置为离群样本，使聚类结果出现偏差。*K*-means 算法面对凸样本集具有较好的聚类效果，在面对有较多离群点的样本时尚存在改进空间。

6.4 本章小结

针对电弧故障仿真模拟中，"零休现象"和高次谐波分量可以作为线性负载条件下电弧故障的判断依据，而不能作为非线性负载条件下电弧故障判断依据的问题，本章提出了一种以 *K*-means 算法为核心的电弧故障特征分类检测方法。

K-means 算法可以对非线性负载电弧故障与正常运行的电流特征值数据进行分类以达到故障准确检测的目的。以三次至九次的奇数高次谐波占基波百分比分别两两组合、三三组合作为数据特征，在 70 组测试数据的情况下分类准确率均为 100%。仿真结果表明以上组合方式具有相同的测试精度，均可以作为 *K*-means 算法聚类检测的特征值，且在高频和低频下具有一定的普适性和实时性。本章只针对较少样本时的谐波

幅值特征进行了算法的测试，且数据是仿真实验在理想情况下得到的结论。但通常情况下聚类算法在面对奇异值点较多、数量较大的数据样本时会出现分类精度降低、鲁棒性不强的特点。因此该方法在样本增加、数据更换为真实实验数据情况下的结果还有待进一步地研究和改进。

6.5 参考文献

[1] 张晨阳, 黄腾, 吴壮壮.基于 K-Means 聚类与深度学习的 RGB-D SLAM 算法[J]. 计算机工程, 2022,48(01): 236-244+252.

[2] P. O. Olukanmi, F. Nelwamondo, T. Marwala. K-Means-MIND: An Efficient Alternative to Repetitive k-Means Runs[C]. 2020 7th International Conference on Soft Computing & Machine Intelligence (ISCMI), 2020, 172-176.

[3] K. Venkatachalam, V. P. Reddy, M. Amudhan, A. Raguraman, E. Mohan. An Implementation of K-Means Clustering for Efficient Image Segmentation[C]. 2021 10th IEEE International Conference on Communication Systems and Network Technologies (CSNT), 2021, 224-229.

[4] 管红立,李亚芳,郑文栋,王启龙. 基于相空间重构理论和 k-means 聚类算法电弧故障诊断[J]. 电器与能效管理技术, 2017(17): 1-8.

[5] 晏坤,马尚,王伟等.基于小波分析和 Cassie 模型的低压串联电弧放电检测及故障保护仿真研究[J]. 电器与能效管理技术, 2019(18):48-52+67.

[6] 李恩文,王力农,宋斌,方雅琪. 基于改进模糊聚类算法的变压器油色谱分析[J]. 电工技术学报, 2018,33(19): 4594-4602.

第 7 章　基于深度残差网络的串联电弧故障检测

本章首先利用第 2 章设计的电弧故障实验平台提取了 48 组电流信号实验数据，并应用 Welch 法估计了相应的功率谱密度，针对功率谱密度函数呈现出的不同特点进行了分析。其次，分别使用一维连续小波分析和一维离散小波分析提取了不同尺度的小波系数和细节系数为故障特征，作为后续检测模型的样本数据。最后，提出了一种基于深度残差网络（ResNet）的电弧故障检测方法，使用了一种独特的颜色域转换法将采集的小波系数值和细节系数值作为特征值转换为图像。为了满足卷积神经网络对于数据样本数量的要求，提出了几种数据增强方法。在 50 层、101 层、152 层的 ResNet 中分别进行了网络的预训练，计算了验证集准确率和训练集的准确率，并对构建的检测网络结果进行了分析。

7.1 电弧故障实验的结果和分析

7.1.1 Welch 法功率谱密度估计

在信号处理领域，信号的表达通常以波形的形式存在，常见的波包括电磁波、振动波、声波等。将各类波的功率以频谱密度为基础与适当的参数做乘积之后可得到每单位的频率波所携带的功率数值。这个数值就是信号的功率谱密度（power spectral density, PSD），其标准单位为瓦特/赫兹（W/Hz）。

功率谱密度的定义要求信号可以进行傅里叶变换，即信号函数的平方应是可积函数或平方可以相加。功率谱密度表示的是时序功率值随频域变化的分布情况。功率值通常为信号波在一段时间内的实际功率值，抽象来讲功率可以通过信号幅值的平方定义，即当施加信号于每欧姆负载时的功率，此时功率的瞬时值可以表示为式（7.1）。

$$P = S(t)^2 \tag{7.1}$$

式中，P 为信号的功率瞬时值，$S(t)$ 为信号的时域函数，t 为时间。信号为广义的平稳过程是其可以计算信号功率谱的充分必要条件。当信号不是广义的平稳过程时，自相关函数就不是固定不变的函数，此时通常采取估计算法来计算时变的功率谱密度。

典型的功率谱密度估计方法包括傅里叶变换、Welch 法、最大熵法等，本章采用了 Welch 法对采集到的电流时域信号进行了功率谱密度的估计。Welch 法的核心计算方法是将长度为 N 的离散信号 $x(n)$，分成 L 组数据，每组数据包含 M 个数据，第 i 组数据可以表示为式（7.2）[1]。

$$x_i(n) = x(n + iM - M) \tag{7.2}$$

其中各参数的边界值：$n \in [0, M]$，$i \in [1, L]$。在每组数据上加入一个窗函数即可得到每组数据的周期图，第 i 组数据的周期图可以表示为式（7.3）。

$$I_i(\omega) = \frac{1}{U} \left| \sum_{n=0}^{M-1} x_i(n)\omega(n) e^{-j\omega} \right|^2 \tag{7.3}$$

式（7.3）中参数 i 的范围为 $i \in [1, M\text{-}1]$。U 为归一化因子，U 的值可以通过式（7.4）进行计算：

$$U = \frac{1}{M} \sum_{n=0}^{M-1} \omega^2(n) \tag{7.4}$$

每组数据点的周期图可以看作不相关，最终通过 Welch 法计算的功率谱密度为：

$$P_{xx}(e^{j\omega}) = \frac{1}{L} \sum_{i=1}^{L} I_i(\omega) \tag{7.5}$$

通过对示波器提取的离散电流信号进行功率谱与密度的分析可以得到信号的功率在整个频段上的分布情况。

7.1.2 结果和分析

将示波器 0.1s 内采集的 2500 个离散的电流值在 Matlab 中进行复现，并使用 Welch 法估计了每种负载的功率谱密度，其中白炽灯负载和计算机负载的实验结果如下[2]：

（1）白炽灯负载

白炽灯负载是典型的电阻性负载，在 220V 的市电下白炽灯的正常工作功率谱密度如图 7.1（a）所示，白炽灯电弧故障的功率谱密度如图 7.1（b）所示。可以看出，在故障时出现了全频带功率降低。

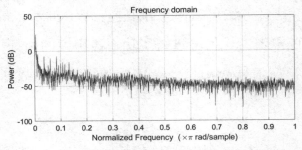

(a) 白炽灯正常工况下的功率谱

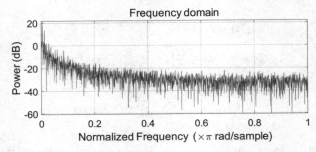

(b) 白炽灯故障工况下的功率谱

图 7.1　白炽灯电弧实验结果

(2) 电磁炉负载

电磁炉负载本质上为直流电机负载，在 220V 的市电下电磁炉的正常工作功率谱密度如图 7.2(a)所示，电磁炉电弧故障的功率谱密度如图 7.2(b)所示。

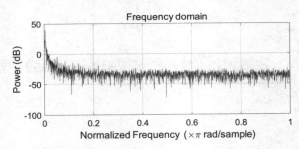

(a) 电磁炉负载正常工况下的功率谱

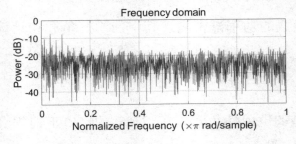

(b) 电磁炉负载故障工况下的功率谱

图 7.2 电磁炉负载电弧实验结果

从功率谱密度来看，全频带上功率降低是所有负载发生故障时的普遍现象，相比之下，非线性负载在故障时功率普遍更低。电磁炉负载在发生故障时其电流为类似无规则的脉冲电流，全频带功率比较稳定。

7.2 基于小波分析的特征值提取

时域信号可以通过快速傅里叶分析和 Welch 法得到幅值频谱和功率谱密度估计，通过分析可以看出，非线性负载的故障时域信号具有不稳定和随机变化的性质，其功率密度在频域上的分布也无法描述这种瞬时突变的特征，而小波分析可以灵活地改变时间和频率分辨率，从而得到信号多分辨率时频瞬态特征。近 20 年小波分析的发展经历了从无到有的过程，作为一种可以将信号的时域信息和频域信息同时表示的方法被称为"数学显微镜"。在小波分析中，"小"的含义是指使用小的波形对信号系统进行截取，小波的使用兼具了窗函数的衰减性和波动性[3][4]。与傅里叶分析相比，小波分析可以对时信号的频域特性进行局部化的采样和处理，通过将小波函数作为窗函数进行伸缩和平移来保证信号的多尺度分析。在信号的高频区间与低频区间分别使用高时间分辨率与高频率分辨率的多分辨处理而达到自适应的信号处理要求。一般来讲，时域分析的目标一方面是边缘分割和检测，另一方面是对瞬时物理现象做瞬态过程分析。电弧故障作为一种瞬态物理现象，其瞬时电流的分析与小波变换有着很高的契合度。

7.2.1 一维连续小波变换

为了更有效地提取信号中的信息，傅里叶分析使用正交的正弦函数对信号进行分解，正交函数称为傅氏分析的正交基函数。与傅里叶分析中的傅里叶积分相似的是连续小波变换也是一种积分形式的小波变换，因此也被称为积分小波变换。在输入信号上母小波对其伸缩与平移的尺度都是连续的，连续小波变换的结果是由伸缩参数和位移参数共同组成的二元函数。

选取典型的 Morlet 小波作为小波基函数，对所有的实验电流进行了一维连续的小波分析，Morlet 小波的解析形式可以表示为式 (7.6) [5]。

$$\Psi(x) = C e^{-x^2/2} \cos(5x) \tag{7.6}$$

式中 C 为近似系数，连续小波变换与傅里叶变换都是一种积分变换，连续小波对母小波进行连续的平移和尺度伸缩进而得到小波系数，小波系数是一个有伸缩尺度和平移组成的二元函数，连续小波变换可表示为：

$$C(scale, position) = \int_{-\infty}^{\infty} f(t)\Psi(scale, position, t)dt \tag{7.7}$$

Morlet 连续小波变换系数可表示为：

$$\Psi f(a,b) = \int_{-\infty}^{\infty} f(t)\exp(-iw_0(\frac{t-b}{a}))\exp(-\frac{(t-b)^2}{2a^2})dt \tag{7.8}$$

式中，w_0 表示中心频率，a 为尺度系数，b 为平移系数。对实验得到的电流时域信号作为原始信号进行最大尺度为 64 的 Morlet 连续小波分析[6]，以白炽灯故障为例取中心尺度 $a=32$ 时的原始时域电流信号如图 7.3 (a) 所示，小波分析后的结果如图 7.3 (b) 所示。

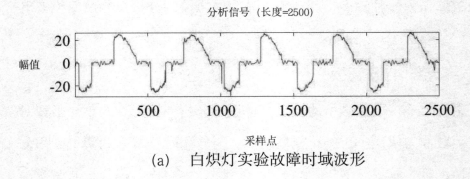

(a) 白炽灯实验故障时域波形

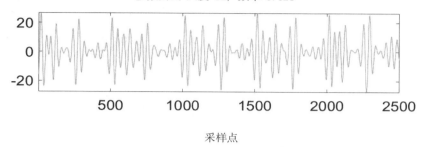

（b） 白炽灯 Morlet 小波分析参数值

图 7.3　一维连续小波分析结果

连续小波分析只能以一定比例的伸缩平移系数对先前的计算结果进行再利用，这极大地限制了连续小波的计算效率。本章记录了每组实验所得的时域信号在尺度为 32 时的小波分解系数，作为一种故障特征用于后续研究使用。

7.2.2 一维离散小波变换

在离散信号的处理中，通常应用一维离散小波变换进行分析的效率要高于连续小波分析，其算法组成以 Mallat 算法为核心[7]，即对于大尺度上的离散信号进行小波变换后选取其中的低频部分作尺度为 2 的下采样（Down Sample），根据所得信号再次进行尺度为 2 的下采样，以此类推。在自然产生的物理信号中，低频部分可以对信号的自身特性进行表征，高频部分可以用于区分信号细小的不同之处。下采样的过程即保留滤波后的偶数项，作为一种数据降维的方式，下采样的处理类似于卷积运算，这与卷积神经网络对于数据特征的提取方式有一定的相似性。

根据小波分析和 Mallat 算法的原理对示波器提取的离散信号作一维离散小波变换，对任意 $L^2(R)$ 空间中的时域函数 $f(t)$，离散小波变换的系数可以表示为[8]：

$$W_{j,k}(\mathrm{t}) = \int_R f(t)\overline{\psi_{j,k}(t)}dt \tag{7.9}$$

$$\psi_{j,k}(t) = \frac{1}{\sqrt{2j}}\psi\left(\frac{t}{2j}-k\right) \tag{7.10}$$

其中，$\psi_{j,k}(t)$ 为离散小波函数，j,k 为整数。

根据 Mallt 算法，$L^2(R)$ 空间中的空间序列 $\{V_j\}_{j \in Z}$，多分辨分解高频部分 W_j 是低频部分 V_j 在 V_{j+1} 中的正交补，即 $V_j \oplus W_j = V_{j+1}$。第 j 层的尺度系数 A_j 和细节系数 D_j 可表示为：

$$A_j[f(t)] = \sum_k H(k) A_{j-1}[f(t)]$$

$$D_j[f(t)] = \sum_k G(k) A_{j-1}[f(t)] \tag{7.11}$$

式中，j,k 为整数，低通滤波器 $H(k)$ 和高通滤波器 $G(k)$ 定义为：

$$H(k) = \sqrt{2} \int_R \phi(t) \phi(2t - k) dt$$

$$G(k) = \sqrt{2} \int_R \psi(t) \phi(2t - k) dt \tag{7.12}$$

小波分析与傅里叶分析不同，小波分析的小波基函数可以有很多种，因此在选择小波函数时通常需要遵循以下 3 种原则：

一是自相似原则，除正交小波变换外的二进小波变换可以通过提高所选取小波函数与信号的相似性来使小波变换的能量集中，从而提高小波变换的效率。二是可以使用判别函数，在处理某些问题时可以先通过对关键技术参数的分析找到一个用于判断小波函数优良性的判别函数，通过计算可以得出小波函数的最优选择。三是小波基函数的支集长度，小波函数一般应选取支集长度为 5~9 的部分。如果支集过长，会出现不同程度的边界问题，如果支集长度过短会导致不消失矩太低，是不利于能量集中的。此外，小波函数的选择还应考虑其对称性、消失矩阶数和正则性等，对称性可以避免在处理图像时发生相移；消失矩阶数的增大可以使小波变换的能量集中，进而提高小波压缩的性能；正则性会影响小波重构过程时的平滑性。

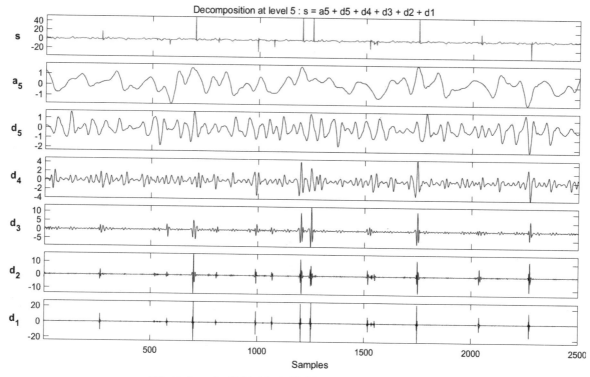

图 7.4   电磁炉故障信号 db4 小波分解分层系数

综合考虑小波函数对不规则信号的灵敏度以及后续在进行信号压缩重构时能量更加集中，本章选择了支集长度可变的 Daubechies 系列小波[9][10]。将实验采集到的 48 组时域信号进行 5 层 db4 小波分解，以电磁炉故障为例，原始信号和各层分解系数如图 7.8 所示。d_1、d_2、d_3、d_4、d_5 分别为经过 5 次以 db4 为小波基函数的高通滤波后所得到的不同尺度的小波细节系数，每层小波系数由 2500 个离散值构成。提取每层的小波系数作为区分不同类型负载故障与正常工况特征值用于后续的研究。

7.3 特征数据处理和数据增强

计算机视觉网络的数据样本通常为图像的形式，在计算机中图像的编码形式通常是通过 R（Red）G（Green）B（Blue）的三维度数据来决定图像每一个像素点的颜色值[11]。为了满足计算机视觉神经网络对于数据维度的要求，就需要对采集的特征数据进行预处理。而神经网络作为一种数据驱动的算法需要使用大量的训练样本对网络进行预训练，通常样本的数据量至少要达到几百甚至几千。在同一个负载上进行反复测试是没有意义的，而更换如此庞大的实验负载又是不现实的，因此提出了几种适用于本章研究的数据增强方式。

7.3.1 特征数据融合与图像转换

一般来讲，对一个用于检测的特征应尽可能多地包含数据原有的信息，以提高检测的准确率和关键信息的识别率。使用某些无监督学习方法可以将几种分类特征进行重要度排序，如主成分分析法（PCA）等[12]。但无监督学习有着对于奇异值点较多随机性强的数据（如电弧故障数据）鲁棒性低的特点。因此，在使用监督学习算法解决故障检测问题时大多将几种特征进行融合，共同作为检测的依据。

将采集到的 2500 个离散点组成的时域电流信号分别进行了 Morlet 小波分析和 5 种尺度的 db4 离散小波分析。对于离散小波分析，将 5 层的小波细节系数每层都表示为 1×2500 的一维向量，5 层小波细节系数可以表示为 5×2500 特征矩阵如式（7.13）所示。

$$
\begin{bmatrix}
D_{1,1} & D_{1,2}\cdots\cdots & D_{1,2500} \\
D_{2,1} & D_{2,2}\cdots\cdots & D_{2,2500} \\
D_{3,1} & D_{3,2}\cdots\cdots & D_{3,2500} \\
D_{4,1} & D_{4,2}\cdots\cdots & D_{4,2500} \\
D_{5,1} & D_{5,2}\cdots\cdots & D_{5,2500}
\end{bmatrix}
\tag{7.13}
$$

融合后的特征矩阵包含不同分解尺度的小波细节系数。为了适应大型计算机神经视觉网络的数据维护要求，采用彩色地图索引法（colormap method）将式（7.12）中的矩阵转化为相空间图像。在计算机的图像像素编码中，最常用的颜色模型为 RGB 模型和 HSV 模型。RGB 模型通过色光的三原色"红、绿、蓝"各自颜色尺度（0 – 256）对颜色进行调配。HSV 模型是通过 H（Hue, 色相）、S（saturation, 饱和度）、V（Value, 亮度）对颜色进行表示的[13]。

Matlab 预置了各种颜色图索引，可用于相空间转换。其原理是将输入数据经过归一化后映射到相应的 RGB 颜色指标值。为了减少数据的相似度，便于后续的数据增强。后续的卷积神经网络运算中，在卷积核进行遍历操作时图像数据拥有更宽的颜色域意味着神经网络可以获得更宽的感受野，本章选择颜色域最宽的"hsv colormap"作为相空间索引，其色域与常见的 RGB 颜色模式相同。由矩阵转换为相空间图像的过程如图 7.5 所示。

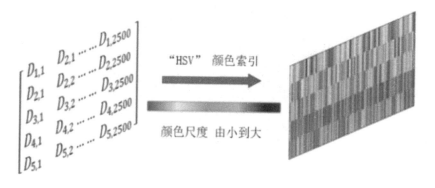

图 7.5 特征矩阵的像空间图像转换方式

需要注意的是，不同于 HSV 颜色域，"hsv colormap" 在 Matlab 中也是在 RGB 颜色空间域中进行编码的，"hsv colormap" 只是颜色域转换方法的名称。

对于连续小波分析，将小波系数按尺度系数 a 按 1~64 的形式存放在一个系数矩阵中得到了一个 64×2500 的矩阵。而单通道的矩阵系数不具备卷积神经网络所需要的空间信息，因此使用同样的相空间颜色图像转换方法，将系数矩阵映射到的相空间中制成连续小波变换的相空间深度图。以白炽灯故障时的一组数据为例，相空间深度图如图 7.6 所示。该图的意义：以图像底部的颜色索引由小到大表示小波系数的大小，横轴为采样点轴，纵轴为小波分析尺度轴。

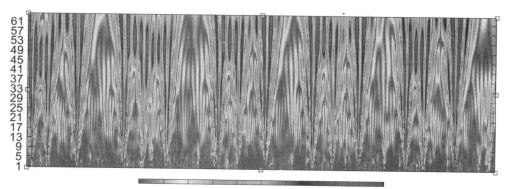

颜色尺度由小及大

图 7.6 一维连续小波变换的相空间特征

以白炽灯故障时的一组数据为例，一维离散小波变换的相空间特征如图 7.7 所示。

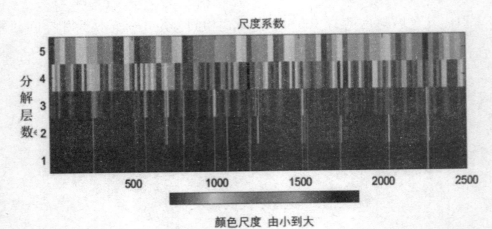

图 7.7 一维离散小波变换相空间特征

7.3.2 特征图像的数据增强

6 种负载分别在故障和正常工况下进行的 4 组实验共计会得到 48 组实验数据。从 48 组实验数据中可得到 48 组小波分解相空间特征图。将负载类型分为 4 类：线性负载正常工作、线性负载电弧故障、非线性负载正常工作、非线性负载电弧故障。深度神经网络的预训练是基于数据驱动模型的。样本数据的数量将直接影响鲁棒性和分类精度，因此对样本集进行数据增强。常用的数据增强方法有图像旋转、切割、缩放等。

对于一维离散小波分析对应的相空间图像，本章采用以下两种方法对数据进行增强。一种方法是通过随机改变相空间图的颜色指标值来改变相空间图的颜色域。此外，考虑到相空间图像的饱和度 (S) 和值 (V) 没有变化。因此，将 RGB 图像转换为 HSV 格式，并随机改变 hue(H) 通道值。将得到的图像转换回 RGB 格式作为另一种数据增强方法。每张图片使用每种方法进行 5 次增强，增强后的数据集由 480 幅图像组成。以图 7.7 中为例，随机改变颜色尺度后的增强图像如图 7.8 (a) 所示，随机色相变化后的增强图像如图 7.8 (b) 所示。

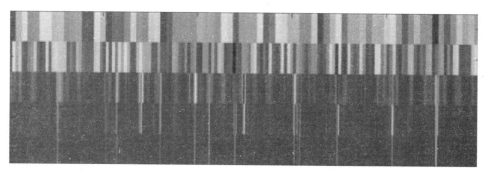

(a) 随机改变颜色尺度后的增强图像

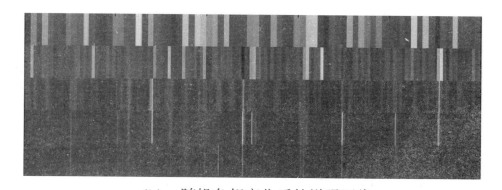

(b) 随机色相变化后的增强图像

图 7.8 一维离散小波分析细节系数相空间图像数据增强结果

对于一维连续小波分析，在进行随机色相的图像增强时有大量的图像数据出现了局部清晰度极低的现象，这可能影响最后的检测准确率。因此对于一维连续小波分析得出的相空间图像进行了颜色尺度的随机变换，每组图像得出 10 张图像共 480 张图像。图 7.6 经过随机颜色尺度变化后的图像如图 7.9 所示。

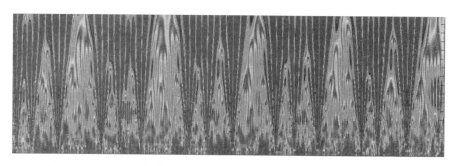

图 7.9 一维离散小波系数相空间图像数据增强结果

为了对比两种图像数据的检测效果，本章分别将一维连续小波分析和一维离散小波分析所得出的系数相空间图像分别作为两个数据集输入神经网络进行分类检测，每个数据控制图像数据为相同的 480 张。分类为线性负载正常工作、线性负载电弧故障、非线性负载正常工作、非线性负载电弧故障。

7.4 ResNet 分类检测模型搭建

7.4.1 批量标准化（Batch Normalization）

深度神经网络使用了更多的网络层来学习数据集的共同特征所服从的某种特定的函数分布关系，这种分布关系在多分类问题中可以理解为每个标签数据隶属于每个类别的概率分布。对输入标签进行处理使其变成机器学习算法容易去处理的形式便可以极大地提高算法的计算效率。

神经网络设计中，通常使用 one-hot 编码形式对数据进行标签化。one-hot 通过使用寄存器的 N 位状态变化对 N 个数据类别进行标注。换言之，其原理是在编码数组中将数据对应列置 1，无关类置 0。

本章使用 one-hot 编码设置了数据集的 4 种标签。由于每种类别下包含多种负载的图像数据，在使用小批数据"mini-batch"进行数据并行训练时，传入网络的相邻图像的数据分布可能具有较大差异，这将导致梯度的突变并产生梯度消失或者梯度爆炸的现象。通过 Batch Normalization 对数据进行标准化处理可以提高网络的泛化能力和训练速度。对于多层深度网络，每层网络输入值标准化可用式（7.14）表示[14]:

$$\hat{x}^{(k)} = \frac{x^{(k)} - E[x^{(k)}]}{\sqrt{\mathrm{var}[x^{(k)}]}} \tag{7.14}$$

式中，k 为网络的层数，$E[x^{(k)}]$ 和 $\mathrm{var}[x^{(k)}]$ 为整个数据集上的期望和方差。

为了保证标准化输入可以还原原始数据的信息，引入随网络更新的参数 $\gamma^{(k)}$、$\beta^{(k)}$ 对标准化输入值进行一次变换如（7.15）所示。

$$y^{(k)} = \gamma^{(k)}\hat{x} + \beta^{(k)} \tag{7.15}$$

得到的 $y^{(k)}$ 即为标准化后的结果，当训练采用 batchsize 为 m 的 mini-batch 时，式（7.15）中的期望和方差取相应 mini-batch 统计量的无偏估计。根据链式求导法则可以得到损失 L 在参数 $\gamma^{(k)}$、$\beta^{(k)}$ 处的梯度，如式（7.16）所示。

$$\frac{\partial L}{\partial \hat{x}_i} = \frac{\partial L}{\partial y_i} \cdot \gamma$$

$$\frac{\partial L}{\partial \gamma} = \sum_{i=1}^{m} \frac{\partial L}{\partial y_i} \cdot \hat{x}_i$$

$$\frac{\partial L}{\partial \beta} = \sum_{i=1}^{m} \frac{\partial L}{\partial y_i} \tag{7.16}$$

上式表明，在标准化的过程中设置的参数是处处可导的，网络可以反向传播更新参数，满足了标准化输入的目标并提高了训练速度。

7.4.2 深度残差网络结构

当神经网络层数增加时，模型可以更好地拟合出训练集的特征分布，但是一味地增加网络深度可能引起神经网络对于训练集的过度拟合和梯度消失等问题。具体体现在随着网络训练集准确率逐渐增加而测试集的准确率会在达到某一峰值时下降。本章使用深度残差网络来解决这一问题。

残差神经网络的核心思想是通过添加恒等映射的方式将模型浅层网络的结果复制到较深的网络层，以此解决深层网络梯度因反向传播的梯度连续乘法而导致梯度消失和梯度爆炸。假设某网络层的映射为 $y=H(x)$，对该网络层进行如式（7.17）所示的非线性映射[15][16]。

$$F(x) = H(x) - x \tag{7.17}$$

原映射可改写为：

$$y = F(x) + x \tag{7.18}$$

式中 $F(x)$ 为卷积块要拟合的函数，$H(x) - x$ 称为残差。相比于要求 $F(x)$ 去拟合某一恒等映射，对于冗余的卷积块可以简单地通过 L_2 正则化等方式使 $F(x) \to 0$，将其权重置 0。残差神经网络的卷积块结构如图 7.10 所示。

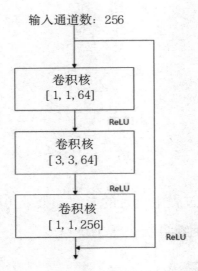

输入通道数：256

卷积核
[1, 1, 64]

ReLU

卷积核
[3, 3, 64]

ReLU

卷积核
[1, 1, 256]

ReLU

图 7.10 ResNet 卷积块结构

图 7.10 中的卷积 Block 采用了三层的卷积结构，前两层将输入的通道数进行裁剪以减少网络的参数量，提高计算速度，第三层将通道数恢复为原始值。这种结构称为 Bottleneck，适用于 Resnet50/101/152。具体的网络结构如表 7.1 所示。

表 7.1 Resnet50/101/152 网络结构

层名称	输出	50层	101层	152层
Conv1	112×112		7×7, 64, stride 2	
			3×3, max pool, stride 2	
Conv2_x	56×56	$\begin{bmatrix} 1\times1,64 \\ 3\times3,64 \\ 1\times1.256 \end{bmatrix} \times 3$	$\begin{bmatrix} 1\times1,64 \\ 3\times3,64 \\ 1\times1.256 \end{bmatrix} \times 3$	$\begin{bmatrix} 1\times1,64 \\ 3\times3,64 \\ 1\times1.256 \end{bmatrix} \times 3$

续表

层名称	输出	50层	101层	152层
Conv3_x	28×28	$\begin{bmatrix} 1\times1,128 \\ 3\times3,128 \\ 1\times1,512 \end{bmatrix} \times 4$	$\begin{bmatrix} 1\times1,128 \\ 3\times3,128 \\ 1\times1,512 \end{bmatrix} \times 4$	$\begin{bmatrix} 1\times1,128 \\ 3\times3,128 \\ 1\times1,512 \end{bmatrix} \times 8$
Conv4_x	14×14	$\begin{bmatrix} 1\times1,256 \\ 3\times3,256 \\ 1\times1,1024 \end{bmatrix} \times 6$	$\begin{bmatrix} 1\times1,256 \\ 3\times3,256 \\ 1\times1,1024 \end{bmatrix} \times 23$	$\begin{bmatrix} 1\times1,256 \\ 3\times3,256 \\ 1\times1,1024 \end{bmatrix} \times 36$
Conv5_x	7×7	$\begin{bmatrix} 1\times1,512 \\ 3\times3,512 \\ 1\times1,2048 \end{bmatrix} \times 3$	$\begin{bmatrix} 1\times1,512 \\ 3\times3,512 \\ 1\times1,2048 \end{bmatrix} \times 3$	$\begin{bmatrix} 1\times1,512 \\ 3\times3,512 \\ 1\times1,2048 \end{bmatrix} \times 3$
	1×1		average pool,1000-d fc, softmax	

在深度学习模型里可以通过在不相邻的神经元间加入短接层，将神经元的输出再

输入其他神经元。整个模型的参数仍可以使用典型的梯度下降进行更新。ResNet 可以体现为如式 (7.19) 所示的数学模型。

$$y = F(x, \{W_i\}) + x \tag{7.19}$$

其中 x 为输入向量，y 为输出向量，F 为残差映射，是网络训练的部分。图 7.10 中的卷积块跳过两层，其残差映射可表示为：

$$F = W_3 \sigma(W_2 \sigma(W_1 x)) \tag{7.20}$$

σ 为激活函数，在本章中使用的为 ReLU，ReLU 激活函数可以表示为式 (7.21)。

$$ReLU(x) = \begin{cases} x, & if \ \ x > 0 \\ 0, & if \ \ x \le 0 \end{cases} \tag{7.21}$$

本章使用卷积 Block 结构搭建了 50、101、152 层的残差神经网络，并在每个卷积计算后加入了 ReLU 激活函数和 Batch Normalization。

7.4.3 参数优化和超参数设置

神经网络通过矩阵运算计算网络层中的权重与偏置，使用损失函数来判断网络训练过程中的好坏。本章使用不同负载不同状况下的相关图像数据，最终期待得到的结果为检测具体的图像类别，属于神经网络中的多分类问题。因此选用了多分类问题典型的交叉熵损失函数，mini-batch 中的交叉熵损失函数可以通过式 (7.22) 表示。

$$Loss = -\frac{1}{m} \sum_{i=1}^{m} \sum_{j=1}^{n} p(x_{ij}) \log(q(x_{ij})) \tag{7.22}$$

式中，m 为 batch-size，$p(x)$ 为输入数据的真实分布，$q(x)$ 为网络预测的数据概率分布。数据通过网络预测所属类别通过表 7.2 中最后一行的 softmax 层实现，softmax 通过将多个神经元的输出映射到 (0，1) 之间来表示网络预测每个种类的概率数值，并取得概率最大的作为预测种类的输出值[17]。

对于一个由 j 个元素组成的数组 A，数组中第 i 个元素的 softmax 值可以表示为：

$$S_i = \frac{e^j}{\sum_j e^j} \tag{7.23}$$

将电弧的检测分为线性负载故障、线性负载正常、非线性负载故障、非线性负载故障四类，在神经网络的输出端加入 softmax 算法用于预测输入的图像数据隶属于不同类别的概率，取概率值最大的类别为输出。

为了提升网络参数在梯度传播上的稀疏性，加入 Adam 优化算法对参数学习率进行自适应的调整，Adam 相关参数初始值均取默认值，具体数值如表 7.2 所示。

表 7.2　Adam 优化算法参数设置

参数	值
Learning rate	0.001
Beta1	0.9
Beta2	0.009
Epsilon	$1e^{-8}$

基于深度残差神经网络的电弧故障分类检测训练过程按如下步骤进行。

(1) 对实验数据进行小波分析，提取像空间图作为检测对象，进行数据增强并设置对应的标签。

(2) 对图像进行标准化处理，并将图像集按 9:1 分割为训练集和验证集。

(3) 将训练集输入深度残差神经网络进行训练，计算训练集和验证集的分类精度。

(4) 通过调整超参数使网络模型获得更好的分类性能。

根据数据集大小和网络层数将深度残差网络模型的其余超参数设置如表 7.3 所示。

表 7.3　深度残差网络模型超参数设置

超参数	值
图像尺寸（Image size）	100×100
小样本尺寸（Batch size）	8
迭代次数（Epoch）	15
目标类别（Target category）	4

以上所有算法程序基于 Keras 平台接口 Tensorflow 实现，神经网络在 Intel i7-

9750H 处理器（8G RAM）上进行训练，使用的显卡为 NVIDIA RTX2060 (6G)。

7.5 ResNet 训练结果分析

将使用的数据集分为两组，其中一组为 480 张一维离散小波分析相空间图像数据，另一组为 480 张一维连续小波分析相空间图像数据，用于探究最适合检测网络模型的故障特征数据。

7.5.1 离散小波数据预训练结果

分别使用 ResNet50/101/152 对数据集进行分类检测预训练。图 7.11 为不同深度 RseNet 训练的训练集准确率、验证集准确率以及损失函数值随迭代次数增加的变化曲线，其中图（a）为 RseNet50 预训练结果，图（b）为 RseNet101 预训练结果，图（c）为 RseNet152 预训练结果。

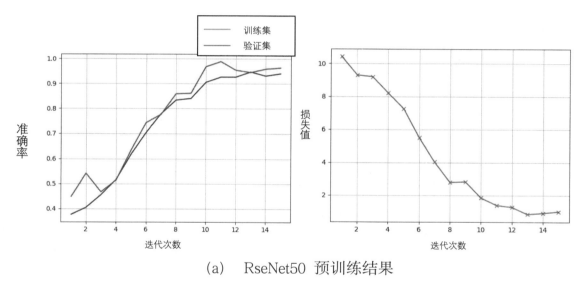

(a)　RseNet50 预训练结果

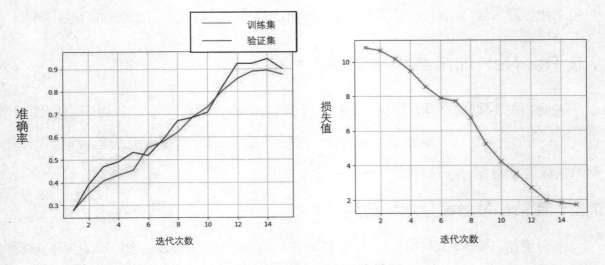

(b)　RseNet101 预训练结果

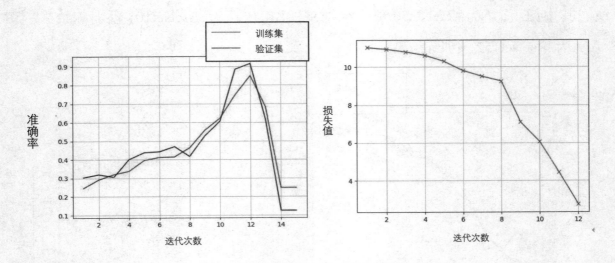

(c)　RseNet152 预训练结果

图 7.15　不同层数 RseNet 预训练结果

　　为了更好地比较不同深度残差网络的分类性能，分析了 mini-batch 上网络分类图像的准确率并计算了每个迭代区间上分类的平均准确率，以此来反映网络训练过程中训练集的准确率变化。这种方式同样沿用在验证集中，通过验证集上的分类准确率来判断网络的泛化能力，通过损失函数的变化来反应网络是否有学习到图像数据的特征。表 7.4 给出了迭代次数 13~15 时的训练集验证集准确率和损失函数值。从神经网络的预训练结果来看，对于不同深度的 ResNet 训练集准确率、验证集准确率随迭代次数的增加而呈现出不断提高的趋势，损失值呈现降低的趋势。

　　在迭代次数为 13 次时，ResNet50 获得了最高的验证集准确率 94.67%。在迭代次数超过 13 时 ResNet50 出现了损失值上升、验证集准确率下降的现象。神经网络在达到了验证集准确度峰值后没有收敛于某一最高值而是出现了一定的过拟合现象，即神经网络对于训练集样本的拟合程度过高导致训练集外的数据不能很好地分类的现象。对于 ResNet101，其验证集准确率最高值出现在迭代次数为 14 时的 94.91%，但是从 13~15 次迭代过程的训练集准确率和损失值可以看出，相比 ResNet50，ResNet101 对于样本数据集的拟合程度要低，并且出现了一定的过拟合现象。ResNet152 验证集的最高准确率出现在迭代次数为 13 时的 91.44%，从迭代次数 14 开始神经网络的验证集准确率出现了急剧的下降，损失值增大并超过了程序设置的显示阈值。ResNet152 的过拟合现象最为严重，这是由于其网络层数过多。

表 7.4　离散小波特征数据 ResNet 预训练结果

网络层数	迭代次数	训练集准确率	验证集准确率	损失
	13	94.44%	94.67%	0.83
50	14	95.83%	93.05%	0.90
	15	96.30%	93.98%	0.99
	13	88.65%	92.87%	1.93
101	14	89.75%	94.91%	1.78
	15	86.56%	90.03%	1.58
	12	84.95%	91.44%	2.74
152	13	68.28%	61.57%	-
	14	24.76%	12.50%	-

7.5.2 连续小波数据预训练结果

将连续小波数据输入 ResNet50 进行的预训练结果如图 7.12 所示。在使用离散小波数据进行神经网络的预训练时出现了网络过拟合随着神经网络层数增加而更加严重的现象。因此在处理连续小波数据时，首先进行了 ResNet50 的预训练。在反复若干次预训练后神经网络都出现了训练集、验证集准确率较低的情况，但是其准确率呈现出继续上升的趋势。因此适当地将超参数中的迭代次数增加到 20。

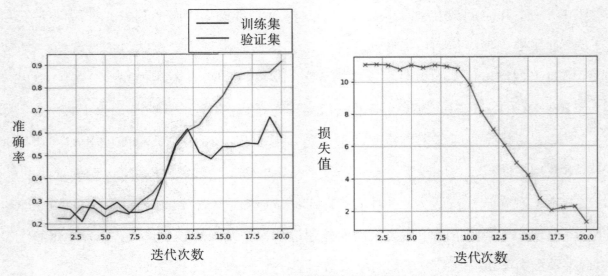

图 7.12　连续小波数据预训练结果

从图 7.12 中可以看出，在神经网络迭代次数超过 12 以后训练集准确率持续升高，验证集准确率开始下降并维持一个较低的水平，而损失值在迭代次数 12~17 时持续下降。神经网络出现了更为典型的过拟合现象。相较于离散小波图像数据，该数据集样本较少且图像数据均为颜色域变换得来的，这可能导致很多图像具有一定的相似性。数据样本的稀疏性不够可能导致训练集和验证集切分时样本分布不均，进而引起了网络的过拟合。480 张图像对于神经网络的训练仍然不足，因此不再考虑通过增加神经网络的层数来达到提高连续小波图像数据检测准确度的目标。取迭代次数为 18~20 的预训练准结果如表 7.5 所示。

表 7.5　连续小波图像数据预训练结果

网络层数	迭代次数	训练集准确率	验证集准确率	损失
	18	86.34%	54.86%	2.21
50	19	86.57%	66.67%	2.28
	20	91.43%	57.64%	1.31

7.6 深度残差网络正则化方法

本章分别使用了离散小波、连续小波两种数据集对基于 ResNet 的电弧故障方法进行了探究。网络预训练结果表明，以离散小波多层细节系数形空间图像为数据集的训练效果总体要优于连续小波数据集。随着网络层数增加，神经网络的过拟合现象趋于加重。

针对不同数据集和不同层数神经网络的过拟合现象，分别提出了不同的正则化方法。本章对数据集进行了常规的图像随机旋转数据增强，并提出了一种"随机伽马变换"法对数据集进行了处理。针对离散小波数据，文章在数据与图像结合的层面提出了一种基于"小波压缩重构"的正则化方法，建立了独特的电弧故障检测数据集，并与典型的图像遮挡方法进行了对比，验证了该方法对于本章提出的数据集和检测为网络的优越性。

最后，为了验证和探究最适用于检测电弧故障的神经网络模型，分别建立了 4 种典型的轻量卷积神经网络（AlexNet、VGG19、InceptionV4、ResNet18），验证了所提出方法的优越性。

7.6.1 正则化简介

正则化（regularization）是线性代数中的一个概念，在不适定问题被定义为一组线性代数的方程，通常该方程面临条件数不适当的反问题。大条件数会导致舍入误差和其他误差的增加，进而影响问题的最终结果。

在神经网络中，正则化是用于降低测试集（验证集）误差的一种方法，用于提高模型的泛化性能。所谓泛化性能，即神经网络对于新鲜样本的适应能力。机器学习的目标是学习训练样本数据中的隐藏规律，并对训练样本外的新数据具有同样的处理功能。泛化性能代表了预训练模型对于未知样本的适应性。

当神经网络模型的训练集和验证集准确率都较低时，模型还没有学习到训练样本的关键特征，模型处于欠拟合（Underfitting）状态。欠拟合的原因包括特征维度低、模型简单等。通常欠拟合可以通过增加特征维度和数据样本解决。

当神经网络对于训练样本中的误差、噪声等无关因素过度解读并作为关键特征进行学习就会导致其泛化性能下降，这种现象称为过拟合（Overfitting）。引起模型过拟合的原因包括网络层数过多、训练样本少、样本噪声多等。通常过拟合可以通过加入适当的正则化方法得到解决[18]。正则化是建立一种回归模块的形式，正则化通过对系数估计进行回归限制（0 约束、调整、缩小等方式）来降低神经网络模型的复杂度。

常见的神经网络正则化方法有如下几种：

（1）L_1、L_2 正则化

L_1、L_2 正则化（L_1、L_2Regularization）其目标为在神经网络的损失函数上加入一个惩罚系数来降低其解取值范围。这个系数通常为 L_1、L_2 范数。L_1 范数为向量中所有元素的绝对值之和，也称作"稀疏规则算子"（Lasso regularization）。L_2 范数即欧几里得距离，即向量元素平方和的开平方。L_2 范数回归形式又被称为"岭回归"或"权值衰减"。以 L_2 范数为正则项可以得到稠密解的形式，让特征对应的参数趋近于 $0^{[19]}$。

（2）弃权法（Dropout）

Dropout 为神经网络模型搭建中常见的一种正则化方法，其核心内容为在神经网络训练中以固定的概率系数值将部分隐藏层神经元输出置零。Dropout 可以降低神经元之间的联系，当隐藏层的神经元被随机屏蔽后神经网络的全连接层会具有一定的稀疏性，进而降低不同特征间的共同作用，提高网络的鲁棒性。是一种网络结构层面的稀疏化方法。

（3）数据增强

作为一种神经网络与训练前必备的数据处理方法，常见的方法可以对原始图像进行反转、平移、拉伸等。对于模型泛化性能的提高有着普遍的效果，是数据层面的网络正则化方法。

（4）早停（early stop）

顾名思义，即在模型达到验证集（测试集）的准确率最高值点时记录网络参数和模型，是常见的正则化方法。

（5）批量标准化（Batch normalization）

批量标准化在 7.4.1 节中已经进行说明，因此不再赘述。

由于本章所使用的数据集为系数矩阵的相空间变换图像，对于系数和图像都可以进行一定的处理来提升数据的稀疏性，因此旨在探究一种适用于本章数据集并结合小波数据与图像层面的正则化方式。

7.6.2 连续小波数据集正则化

7.6.2.1 连续小波数据集的数据增强

在第 4 章使用"随机色相变化"的方法对连续小波数据进行数据增强时出现了数据颜色模糊等问题，经过多次实验对验证集准确率增强的效果并不显著。

因此，本节尝试应用了以下两种方法对图像进行了增强。

（1）图像的随机伽马（Gamma change）变换

伽马变化对数据集进行了处理，伽马变化又称作彩色图像的曲线灰度变化，在图像的处理领域常常使用图像的伽马变化进行对比度的调节[20]。伽马变化是作用在像素灰度值上的一种非线性变化，从数学上可以表示为式（7.24）。

$$S = T(r) = Cr^{\gamma} \tag{7.24}$$

式中，S 为伽马变化后的灰度值，C 为灰度缩放系数，本章取值为 1。r 为图像输入的灰度值，取值范围为[0, 1]。γ 是伽马影响因子，通过随机改变 γ 值对原有的图像进行扩增。原始数据伽马变化后的图像如图 7.13 所示，其中（a）为原始图像，（b）为变化后图像：

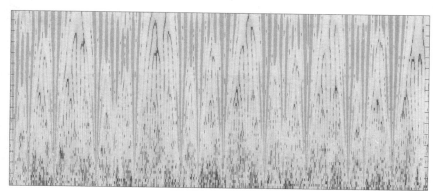

（a）原始数据图像

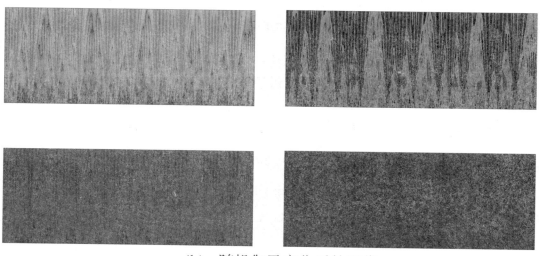

（b）随机伽马变化后的图像

图 7.13 图像的随机伽马变化

（2）图像的随机旋转

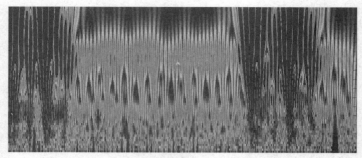

(a) 原始数据图像

(b) 随机旋转后的图像

图 7.14 图像的随机角度旋转

对图像进行随机角度的旋转, 不改变图像的尺寸。在旋转的空余部分填充黑色, 对图像进行随机角度旋转后的图像如图 7.14 所示, (a) 为原始图像, (b) 为旋转后的图像。将原图像以上述两种方法进行变化, 每张图像每种方式获取 5 张新图像。新数据集包含 960 张图像, 相当于将元数据集扩充 2 倍。

7.6.2.2 数据增强后的网络训练结果

在不改变 epoch 和 mini-batch 参数的基础上, 以数据增强后的数据集进行 ResNet50 的神经网络训练, 训练后每个 epoch 上训练集和验证集的平均准确率以及平均损失如图 7.15 所示。

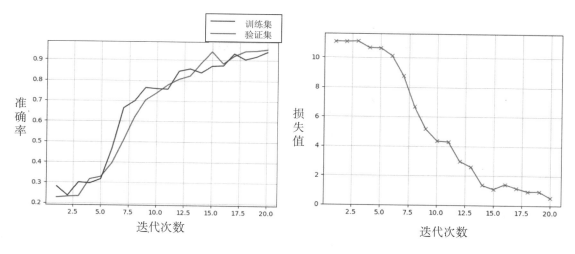

图 7.15　数据增强后的 ResNet50 预训练结果

当迭代次数为 18~20 时神经网络的分类训练结果可以表示为表 7.6，可以看出，在对数据集进行了数据增强后神经网络的过拟合现象得到了解决，网络在迭代次数为 20 时获得了最高的验证集准确率和训练集准确率。相比于表 7.5，在迭代次数为 18~20 时神经网络的损失值整体较低，这表明神经网络学到了更多的图像特征，对于数据集进行的预处理是有效的。神经网络的过拟合现象得到了解决，训练集和验证集准确率得到了一定的提高。以连续小波系数相空间图为特征的 ResNet50 分类检测模型，在验证集上获得了 93.98%的准确率。

表 7.6　数据增强后的 ResNet50 分类预训练结果

网络层数	迭代次数	训练集准确率	验证集准确率	损失值
50	18	94.21%	90.28%	0.94
	19	94.44%	91.67%	0.96
	20	95.14%	93.98%	0.52

7.6.3 离散小波数据集正则化研究

7.6.3.1 Dropout 与图像遮挡法

不同于连续小波，离散小波细节系数矩阵融合了较低维度的故障特征，故障特征间本身具有一定的稀疏性。因此对于离散小波特征数据的正则化可以进行更多的讨论。一个典型的方法是在原有网络的神经元中加入 Dropout，在使用 Dropout 时可以设置相关参数来决定神经元的删除比例，通过 Tensorflow 内置函数可以很方便地实现。而除了对网络权重添加参数来限制学习能力外。在 Dropout 的思想上对图像进行了随机的遮挡以此使网络关注更多的区域，以此增加特征提取的随机性，提高网络泛化能力。通过在网络输入端加入图像遮挡生成器，可以实现网络结构层面的图像遮挡，通过使分类 Loss 最大来训练图像生成器，与特征提取器形成对抗。

为了实现图像上的遮挡，本章使用了泊松融合算法将图 7.16 数据集中的图像与图 7.17 中的遮挡图片进行了融合，融合后的图像如图 7.18 所示，将遮挡的图像与原始数据按 1:1 混合后作为图像遮挡法新的数据集。

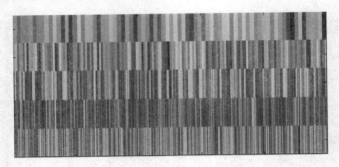

图 7.16　原始数据集数据

图 7.17　遮挡图片

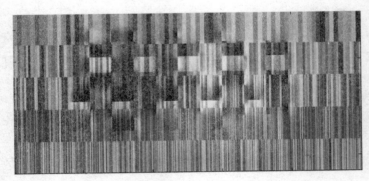

图 7.18　泊松融合遮挡后的图像数据

7.6.3.2 小波压缩重构的正则化方法

将遮挡后的图像与原图像混合制成的数据集的过程可以看作一种数据集增强的方

式，数据增强的实质是不破坏原始数据类别的前提下对原始数据添加扰动。

$$Q'_{train}=Q_{train}+D \tag{7.25}$$

其中，Q_{train} 为原始的训练集，Q'_{train} 为增强的训练集，D 为添加的随机扰动。考虑到所使用的数据为时域数据小波系数的相空间图，而使用小波变换对信号进行压缩重构可以看作在小波分解域对小波系数进行一定的量化操作，这个过程可以看作系数的内部扰动，因此使用原始数据进行的小波压缩与重构得到新的系数相空间图可以实现数据集的扩展达到正则化的目的。小波变换对信号进行压缩重构通过以下步骤实现。

（1）对时域信号进行小波分解，提取分层的小波系数。

（2）在小波域中对系数进行量化处理，去除信号中的冗余信息。

（3）对分解后的小波系数进行重构，得到重构后的信号和小波系数。

常用的小波信号压缩法为阈值法，阈值法通过设置阈值抑制小波细节系数达到降低信号能量进而压缩信号。本章使用的一维信号小波压缩方法为平衡稀疏范数的全局阈值法，此方法具有一定的自适应性和快速性，可以通过 Matlab 进行实现。全局阈值可表示为：

$$T = \sqrt{2\ln(n)\,\mathrm{mid}(\mathrm{abs}(b))} \tag{7.26}$$

式中，T 为全局阈值，n 为小波系数长度，$\mathrm{mid}(\mathrm{abs}(b))$ 表示小波系数绝对值的中间值。此外，可以通过调节小波系数能量剩余、零系数成分、信噪比等参数来调节信号的压缩性能，以上 3 个参数计算方式可依次表示为式（7.27）～（7.29）。

$$E_R = \frac{\sum_{i=1}^{n}\left|N(a)'\right|^2}{\sum_{i=1}^{n}\left|N(a)\right|^2} \tag{7.27}$$

$$C_0 = \frac{n_0}{n} \tag{7.28}$$

$$N_R = 10\lg\frac{\sum_{i=1}^{n}\left|N(a)\right|^2}{\sum_{i=1}^{n}\left|N(a)-N(a)'\right|^2} \tag{7.29}$$

其中，$N(a)'$ 为压缩后小波系数，$N(a)$ 为原始信号，n 为小波系数长度，n_0 为压缩后系数中 0 的个数。E_R 为压缩后能量剩余，C_0 为零系数成分，N_R 为压缩后信噪比。小波压缩前后的图像如图 7.19、图 7.20 所示。

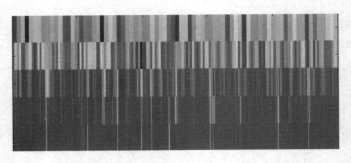

图 7.19 电吹风故障原始小波系数相空间图像

图 7.20 电吹风故障压缩重构后小波系数相空间图像

可以看出，经压缩重构后的小波系数相空间图像与原始图像相比在每一层都隐去了部分小波系数信息，通过调节零系数和能量保留率可以动态控制隐去的图像信息量。本章使用的平衡稀疏范数法可以自适应的调节阈值，使重构的信号尽可能还原原始信号的信息。将压缩重构的图像与原图像进行 1:1 的混合，制成新的压缩重构正则化的图像数据集。

7.6.3.3 不同正则化方法实验结果

为了探究不同正则化方法对深度残差网络的泛化性能影响，将新的图像遮挡法数据集与小波压缩重构正则化方法的数据集带入 Resnet50/101/152 进行训练，并分别计算不同情况下训练集和验证集的准确率。此外，由于 Dropout 正则化方法可以与其他正则化方法共同使用，为了寻找 Dropout 和以上两种正则化方法的相互作用关系，分别在上述训练过程中加入参数为 0.1~0.9 的 Dropout。为了使准确率达到最高，网络还动态地调整了超参数。从全局结果来看，上述三种网络均在 Dropout rate 取 0.5 时的准确率最高。以 Resnet50 为例，使用图像遮挡法在 Dropout rate 取 0.3、0.5、0.8 时测试集和验证集准确率如表 7.7。其中在 Dropout rate 为 0.3 时 epoch 为 5，Dropout rate 为 0.5 时 epoch 为 13，Dropout rate 为 0.8 时 epoch 为 8。在 Dropout rate 为 0.5 时网络的训练集准确率与验证集准确率均达到最高，验证集准确率与训练集也最为接近，此时网络性能最好。

表 7.7　Resnet50 使用图像遮挡法训练结果

迭代次数	0.3	0.5	0.8
训练集准确率	90.28%	99.31%	94.68%
验证集准确率	88.66%	99.07%	93.29%

为了比较图像遮挡方法和小波压缩重构方法在 ResNet 不同深度下对准确率和泛化能力的影响，采用两种方法对不同深度的网络进行训练，小波压缩重构法的训练结果如图 7.21 所示。其中图 7.21 (a) 为 ResNet50 训练结果， (b) 为 ResNet101 训练结果， (c) 为 ResNet152 训练结果。通过小波压缩重构方法正则化，解决了 ResNet152 的过拟合现象，提高了精度。在不同方法的 dropout 率为 0.5 的基础上，验证集和训练集的准确率如表 7.8 所示。

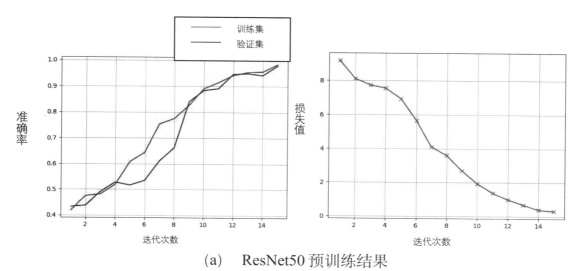

(a)　ResNet50 预训练结果

(b)　ResNet101 预训练结果

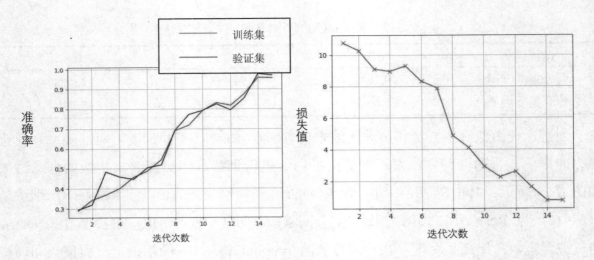

(c) ResNet152 预训练结果

图 7.21 小波压缩重构后网络预训练结果

表 7.8 小波压缩重构法、图像遮挡法与仅使用 Dropout 训练网络准确率对比

网络层数	正则化方法	训练集准确率	验证集准确率
50	仅 Dropout	94.44%	94.67%
	图像遮挡	94.90%	95.60%
	压缩重构	98.37%	97.91%
101	仅 Dropout	89.75%	94.91%
	图像遮挡	99.07%	95.83%
	压缩重构	88.43%	96.30%
152	仅 Dropout	84.95%	91.44%
	图像遮挡	86.57%	87.04%
	压缩重构	95.83%	97.69%

可以看出 ResNet 50/101 采用图像遮挡方法后，其验证集准确率提高了约 1%，但在应用小波压缩重构方法后，该值增加了约 3%。基于图像的数据增强可以与作用于网络本身的正则化方法 (Dropout, $L1$, $L2$ 等) 结合使用，数据增强方法在提高网络精度方面更有优势。在 ResNet152 中，使用图像遮挡导致验证集准确度下降 4.4%。本章研究的图像遮挡是随机的，这可能会导致一些有效的特征丢失。训练集样本方差的突然变化可能导致梯度爆炸，这种现象在深层 ResNet 中更为明显。小波压缩可以在不丢失信号信息的前提下去除信号冗余，小波压缩的性能可以通过式 (7.30) 来评估[21][22]。

$$a_N(f)_x = \inf_{f \le N} \left\| f - \hat{f} \right\| \tag{7.30}$$

式中, f 为原始信号, $\hat{f}$ 为压缩信号。当保留系数不超过 N 时, 压缩误差可表示为 a_N。压缩参数在 a_N 尽可能小的条件下进行调整。特征信息的完整性使压缩重构方法具有较高的检测精度。选取表 7.8 中验证集准确率最高的网络模型为最佳的电弧故障检测模型, 即使用压缩重构法正则化后的 ResNet50, 最高的验证集准确率为 97.91%。

7.6.4 与典型视觉网络的对比实验

为了验证 ResNe50 在处理图像数据方面的优势, 分别建立了常见的更轻量计算机视觉网络 ResNet18、AlexNet、VGG19 和 InceptionV4[23-25]。最大的分类准确率如表 7.9 所示。由于样本量小, 数据相似度高, AlexNet 和 VGG19 对细粒度分类的验证集精度保持在 12.5%。这表明神经网络没有学习图像的深层特征。

表 7.9 典型轻量视觉网络对比实验结果

网络名称	训练集准确率	验证集准确率	收敛时间 (epoch)
AlexNet	24.77%	12.50%	--
VGG 19	24.77%	12.50%	--
InceptionV4	55.79%	51.62%	8
ResNet18	99.77%	95.83%	12

此外, 当 epoch 为 8 时, InceptionV4 的验证集精度达到了 51.62%。与上述两种网络模型相比, 精度有了很大提高, 但仍不能满足检测的准确度要求。ResNet18 作为一种轻量级网络, 由于其优越的结构, 实现了 95.83%的验证集精度。与表 7.7 中的 ResNet50 相比, ResNet18 具有更快的收敛速度。但 ResNet50 作为一种预训练的电弧故障检测模型, 由于其检测准确度较高, 仍是最佳选择。

7.7 本章小结

为了更高效地对实验所得的电弧故障特征进行识别, 同时解决无监督学习使用的局限性问题, 首先提取连续小波分析所得了 64 个不同尺度的小波系数值以及离散小波分析所得的 5 层小波系数通过矩阵的形式进行融合, 融合后的矩阵作为用于识别的特征值矩阵。为了满足深度卷积网络对于输入数据维度的要求, 提出了一种使用 "色图转换法" 将特征值矩阵转换为相空间图像的方法。对于使用离散小波得到的数据, 提出了 "随机改变颜色尺度" 和 "随机色相转换" 方法对图像进行了数据增强。

其次，对数据进行归一化处理并建立了 50、101、152 层的深度残差网络，分别将两组数据集输入网络进行分类检测。结果表明，使用离散小波得到的数据组进行的网络预训练结果出现了不同程度地过拟合现象，其中网络层数越大时过拟合线性越严重。取最好的神经网络预训练结果为 ResNet101，其最大的验证集准确率达到了94.91%。

对连续小波得到的数据组，在进行 ResNet50 的预训练时就出现了十分严重的过拟合现象，验证集维持在很低的准确率。因此，继续增加神经网络的层数意义不大，应考虑使用正则化方法对神经网络的过拟合现象进行改善。针对神经网络出现的不同程度的过拟合现象提出了相应的正则化方法。其中对于连续小波的数据集，通过随机伽马变化和随机翻转对于原始图像进行数据增强，并输入 ResNet50 进行网络的预训练。仿真结果表明，在加入数据增强后神经网络的过拟合现象得到了改善，并将检测准确率提高到 93.98%。

最后，对于离散小波数据集，通过典型的图像遮挡法思想，结合小波压缩重构的原理，提出了一种基于小波压缩重构的正则化方法。分别使用图像遮挡法和小波压缩重构法对原始图像进行处理，建立对比数据集。分别将对比数据集输入不同层的ResNet 进行了预训练。结果表明，小波压缩重构法对于本章数据集和网络结构的正则化效果更为优越，其中 ResNet50 获得了最高的验证集准确率 97.91%。为了验证ResNet50 作为检测网络模型的优越性，分别建立了 4 种典型轻量网络的对比实验。结果表明 ResNet50 是最佳的电弧故障分类检测模型。

7.8 参考文献

[1] F. Schwock, S. Abadi. Statistical Properties of a Modified Welch Method That Uses Sample Percentiles[C]. 2021 IEEE International Conference on Acoustics, Speech and Signal Processing (ICASSP), 2021, 5165-5169.

[2] 王检, 张邦宁, 魏国峰, 郭道省. 基于 Welch 功率谱和卷积神经网络的通信辐射源个体识别[J]. 电讯技术, 2021,61(10): 1197-1204.

[3] H. Toda, Z. Zhang. Tight Wavelet Frame Using Complex wavelet Designed in Free Shape on Frequency Domain,. 2019 International Conference on Wavelet Analysis and Pattern Recognition (ICWAPR), 2019, 1-6.

[4] H. Takeda, T. Minamoto. Detection Of Dysplasia From Endoscopic Images Using Daubechies 2 Wavelet Lifting Wavelet Transform. 2019 International Conference on Wavelet Analysis and Pattern Recognition (ICWAPR), 2019, 1-6.

[5] 赵志坚,茆志伟,张进杰,江志农.基于复 Morlet 变换和改进 AlexNet 神经网络的柴油机气门间隙异常故障诊断方法[J].北京化工大学学报(自然科学版),2021,48(04):64-708.

[6] J. J. Wu, J. J. Huang, T. Qian, W. H. Tang. Study on Nanosecond Impulse Frequency Response for Detecting Transformer Winding Deformation Based on Morlet Wavelet Transform. 2018 International Conference on Power System Technology (POWERCON), 2018, 3479-3484.

[7] 王思雨. 基于 Mallat 算法的图像边缘检测研究[D]. 新疆师范大学, 2019.

[8] N. Liu. Impact of Disclosure of Internal Control Defects on Stock Price Information Rate Based on The Mallat-Copula Hybrid Algorithm[C]. 2019 2nd International Conference on Artificial Intelligence and Big Data (ICAIBD), 2019, 202-207.

[9] P. S. Saputra, F. D. Murdianto, R. Firmansyah, K. Widarsono. Combination Of Quadratic Discriminant Analysis And Daubechis Wavelet For Classification Level Of Misalignment On Induction Motor[C]. 2019 International Symposium on Electronics and Smart Devices (ISESD), 2019, 1-5.

[10] 谭章禄, 袁慧. 时间序列预处理与信息噪声之间的关系研究-基于离散小波变换和 ARIMA 模型[J]. 数学的实践与认识, 2020,50(15): 30-42.

[11] 孟特, 李富才, 刘邦彦, 张凤生. 基于 RGB-D 图像的视觉 SLAM 算法研究[J]. 青岛大学学报(自然科学版), 2022,35(01): 79-84+92.

[12] A. Rehman, A. Khan, M. A. Ali, M. U. Khan, S. U. Khan, L. Ali. Performance Analysis of PCA, Sparse PCA, Kernel PCA and Incremental PCA Algorithms for Heart Failure Prediction[C]. 2020 International Conference on Electrical, Communication, and Computer Engineering (ICECCE), 2020, 1-5.

[13] 江曼, 张皓翔, 程德强,等. 融合 HSV 与方向梯度特征的多尺度图像检索[J]. 光电工程, 2021,48(11): 64-76.

[14] M. Kolarik, R. Burget, K. Riha. Comparing Normalization Methods for Limited Batch Size Segmentation Neural Networks[C]. 2020 43rd International Conference on Telecommunications and Signal Processing (TSP), 2020, 677-680.

[15] 刘晨, 赵晓晖, 梁乃川, 张永新.基于 ResNet50 和迁移学习的岩性识别与分类研究[J]. 计算机与数字工程, 2021,49(12):2 526-2530+2578.

[16] A. Krueangsai, S. Supratid. Effects of Shortcut-Level Amount in Lightweight ResNet of ResNet on Object Recognition with Distinct Number of Categories[C]. 2022 International Electrical Engineering Congress (iEECON), 2022, 1-4.

[17] 罗光华.一种基于 NLq 损失的 Softmax 分类模型改进[J].电脑知识与技术, 2020,16(34): 228-229.

[18] 黄杰忠, 孔维琛, 李东升,等.基于改进稀疏正则化的扩展卡尔曼滤波损伤识别研究[J]. 中国公路学报, 2021,34(12): 147-160.

[19] Y. M. Wu and A. W. Wu. L1/2 Regularization and Reweighted L1/2 Regularization on ISAR Image Construction[C]. 2019 IEEE 6th International Symposium on Electromagnetic Compatibility (ISEMC), 2019, 1-2.

[20] P. -H. Lee and H. Zhang. The Design of Chart When the Mean and Parameters of Gamma Distribution Change[C]. 2020 International Conference on Modern Education and Information Management (ICMEIM), 2020, 538-542.

[21] 肖文奎.结合小波变换与无损压缩的 CSI 反馈技术[J].电子技术与软件工程, 2022(01): 85-88.

[22] 黄俊, 魏丽君. 基于同步压缩-交叉小波变换算法的齿轮故障诊断研究[J]. 计算机测量与控制, 2020,28(11): 41-44+49.

[23] S. Bouhsissin, N. Sael, F. Benabbou. Enhanced VGG19 Model for Accident Detection and Classification from Video[C]. 2021 International Conference on Digital Age & Technological Advances for Sustainable Development (ICDATA), 2021,39-46.

[24] C. Dong, Z. Zhang, J. Yue and L. Zhou. Classification of strawberry diseases and pests by improved AlexNet deep learning networks[C]. 2021 13th International Conference on Advanced Computational Intelligence (ICACI), 2021, 359-364.

[25] 潘永斌. 基于 Inceptionv4 与 RNN 的图像中文描述算法研究[D]. 西南大学, 2021.

第 8 章　　基于自组织特征映射神经网络的串联电弧故障检测

　　自组织特征映射（SOM）神经网络是一种无监督式学习的竞争神经网络，具有灵活性强、聚类结果可视化等优点。但是 SOM 网络的训练很难兼顾学习速度和最终权值向量的稳定性。同时，当 SOM 网络中某神经元初始权值向量距离太远时，会形成无用的死神经元，导致计算误差的增加和神经元的浪费。本章提出利用粒子群优化 (PSO) 算法对 SOM 网络的权值进行优化，可以解决上述问题。引入投影寻踪法中的样本标准差和类内密度两个指标对权值优劣进行判断，提高了 SOM 网络的识别精度。将 PSO-SOM 算法与常规 SOM 算法分别应用于电弧故障检测。仿真结果表明，经过 PSO 优化的 SOM 网络检测准确率可达 95%以上，而未经优化的 SOM 网络检测准确率仅为 70%。

8.1 数据样本

　　本章选择电流作为电弧故障的检测信号。为了能够较为全面地获取电路电流的特征，从时域和频域两个方面对电流进行特征提取，作为检测模型的数据样本[1]-[5]。

8.1.1 频域特征提取

　　本章利用快速傅里叶变换得到电流幅值频谱。选取 0~2000Hz 频率范围内的幅值进行频域特征值计算。计算过程中，对 0~2000Hz 频带范围进行十等分，并对每个等分区间的电流幅值求均值作为频域的 1 个特征值，一共 10 个特征值。灯感串联负载电路的一组电流频域特征值如表 8.1 所示，白炽灯负载电路的一组电流频域特征值如表 8.2 所示，电磁炉负载电路的一组电流频域特征值如表 8.3 所示，计算机负载电路的一组电流频域特征值如表 8.4 所示，手电钻负载电路的一组电流频域特征值如表 8.5 所示。

表 8.1　灯感串联负载电路电流频域特征值

负载名称	故障电流幅值平均值（%）	正常电流幅值平均值（%）
灯感	0.0318	0.0194
	0.0124	0.0005
	0.0129	0.0007
	0.0120	0.0015
	0.0115	0.0007
	0.0108	0.0014
	0.0106	0.0010
	0.0078	0.0016
	0.0082	0.0011
	0.0064	0.0009

表 8.2　白炽灯负载电路电流频域特征值

负载名称	故障电流幅值平均值（%）	正常电流幅值平均值（%）
灯泡	3.7304	2.9273
	0.9459	0.0210
	0.5663	0.0911
	0.4564	0.0758
	0.2605	0.0204
	0.2916	0.0973
	0.2300	0.0542
	0.1797	0.0569
	0.2215	0.0611
	0.1782	0.0290

表 8.3　电磁炉负载电路电流频域特征值

负载名称	故障电流幅值平均值（%）	正常电流幅值平均值（%）
电磁炉	0.1383	1.7710
	0.0500	0.2482
	0.1131	1.4436
	0.0774	0.2819
	0.0480	0.0533
	0.1119	0.1298
	0.0723	0.0539
	0.0664	0.0306
	0.0748	0.0353
	0.0660	0.0349

表 8.4　计算机负载电路电流频域特征值

负载名称	故障电流幅值平均值（%）	正常电流幅值平均值（%）
计算机	0.6353	0.0197
	0.7551	0.0033
	0.6838	0.0026
	0.6898	0.0019
	0.7297	0.0012
	0.7902	0.0006
	0.5011	0.0016
	0.6562	0.0011
	0.6743	0.0016
	0.6181	0.0006

表 8.5　手电钻负载电路电流频域特征值

负载名称	故障电流幅值平均值（%）	正常电流幅值平均值（%）
	15.4219	16.3304
	0.2571	0.3504
	0.3232	0.3253
	0.1677	0.1674
手电钻	0.0714	0.0574
	0.0894	0.1255
	0.0704	0.0567
	0.0569	0.0773
	0.1135	0.0937
	0.0552	0.0640

从表 8.1~表 8.5 中可以看出，灯感、灯泡和计算机 3 种负载的频域分布特征规律相近，故障情况下电流频域幅值比正常情况下高，且两种工作条件下电流幅值关于频率的分布规律相似；而电磁炉和手电钻 2 种负载的故障电流幅值在低频段均低于正常电流，而在高频段低于正常电流。

8.1.2 时域特征提取

本章将每个周期对应的时间宽度等分为 10 个区间，并计算每个区间的电流均值、电流极差值、电流方差值和相邻区间电流差均值 4 个时域指标。其中，电流平均值、电流极差值和电流方差值 3 个指标在每个区间内对应 1 个特征数据，一个周期共包含 10 个特征数据，而相邻区间电流差均值表示相邻两区间之间的差值，因此该指标在一个周期内对应 9 个特征数据。综合以上 4 个指标，电弧电流信号在 1 个周期内对应 39 个特征数据。

8.2 自组织特征映射神经网络（SOM）

SOM 神经网络是一种无监督式学习的竞争神经网络，具有灵活性强、聚类结果可视化等优点，在聚类和分类问题中具有广泛的应用[6]-[9]。图 8.1 表示 SOM 神经网络的拓扑结构。

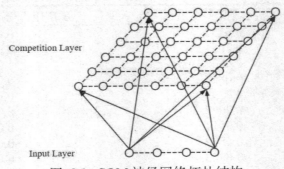

图 8.1　SOM 神经网络拓扑结构

SOM 神经网络学习步骤如下。

①确定网络结构及各层节点个数，并对节点权值进行初始化。

②输入训练样本矩阵，计算各竞争层节点中与输入样本欧氏距离最近的神经元：

$$d_j = \sqrt{\sum_{i=1}^{m} (x_i - w_{ij})^2}$$

(8.1)

式中，d_j 表示样本和某一节点对应权值向量的欧氏距离；x_i 和 w_{ij} 分别表示样本向量和权值向量中的某一分量；m 表示输入层节点个数。

③将与输入样本最近的神经元作为获胜神经元，对获胜神经元以及周围一定距离内的神经元进行更新。其中，神经元的更新权重使用以下公式计算：

$$w_{new} = w_{old} + \eta(i)(x_i - w_{ij})$$

(8.2)

式中，w_{new} 和 w_{old} 分别表示更新后的权值和更新前的权值；$\eta(i)$ 表示随训练次数变化的学习率；x_i 和 w_{ij} 分别表示样本向量和神经元权值向量。$\eta(i)$ 由式 (8.3) 确定。

$$\eta(i) = r_{max} - \frac{i}{maxgen}(r_{max} - r_{min})$$

(8.3)

式中，r_{max} 和 r_{min} 分别表示学习率的最大值和最小值；i 表示当前训练步数；$maxgen$ 表示最大训练步数。

SOM 网络的权值更新范围半径选取动态半径，半径大小由式 (8.4) 确定。

$$l = l_{max} - \frac{i}{maxgen}(l_{max} - l_{min})$$

(8.4)

式中，l 表示神经元权重更新范围半径；l_{min} 和 l_{max} 分别表示动态半径最小值和最大值；i 和 $maxgen$ 的意义同上。

④完成网络的训练后，将验证集样本输入网络，并计算与其距离最近的权值向量对应的神经元，该神经元代表的类别即为网络识别结果。

8.3 粒子群算法

粒子群优化算法（PSO）是智能计算领域中应用较为广泛的一种群体智能优化算法。PSO 通过模仿鸟群在捕食过程中的运动规律，达到求解最优值的目的[10]-[13]。PSO算法的大致训练过程如下：

①根据问题确定算法的适应度函数，并在问题的可行域内随机生成一定数量的粒子，每一个粒子都是问题的一个潜在最优解。

②根据适应度函数计算每个粒子的适应度值，并选出个体极值和群体极值，然后根据以下公式对所有粒子的位置和速度进行修正。

$$V_{k+1} = \omega V_k + c_1 a_1 (P_i - X) + c_2 a_2 (P_g - X) \tag{8.5}$$

$$X_{k+1} = X_k + V_{k+1} \tag{8.6}$$

式中，V_k 和 V_{k+1} 分别表示粒子在上一次迭代中的速度和本次更新后的速度；P_i 和 P_g 分别表示粒子的个体极值和群体极值；c_1 和 c_2 为非负常数，本文在此均取 1.5；r_1 和 r_2 均为 0 到 1 之间的随机数；X_k 和 X_{k+1} 分别表示粒子更新前的位置和更新后的位置。

③不断重复第②步中的计算过程，直到所有粒子均收敛于某一个点，该点对应的适应度值即为最优值。

8.4 PSO 优化 SOM 神经网络的算法设计

传统的 SOM 神经网络能够解决很多分类问题，但是在某些较为复杂的问题中，SOM 网络难以给出准确率较高的结果。针对此问题，本章对神经网络权值的优化做了大量研究，并提出一种使用 PSO 算法对 SOM 网络权值进行优化的方法。

SOM 神经网络中每一个竞争层神经元节点所对应的权值向量均能够映射为高维空间中的一个点，而每一个训练样本同样也能够对应到该空间中的某一个点。当所有竞争神经元中，对应同一类样本的神经元在高维空间中对应的点"较为密集"，并且不同类别的点距离较远时，SOM 网络能够对样本作出较为明确的分类。此时，对应不同类别的神经元权值向量在高维空间中形成了一个个密集的"点团"。因此，本章以 SOM 网络中所有竞争神经元权值的一种取值方式所形成的向量作为一个粒子，通过对 SOM 网络进行多次训练，获得多个粒子从而形成种群。为了衡量各神经元对应点的聚集程度，本文引入投影寻踪法中的类内密度，以及标准差和样本吻合度 3 个指标对 SOM 网络权值取值的"优劣"进行判断，进而确定 PSO 算法的适应度函数[14]-[17]。

(1) 类内密度

类内密度可以用来衡量同一类数据点的聚集程度，该指标越大表明数据点聚集程度越大。类内密度的计算公式如式(8.7)。

$$D = \sum_{j=1}^{p} \sum_{i=1}^{n} (R - a_{ij}) f(R - a_{ij})$$

(8.7)

式中，D 表示数据点的类内密度；R 表示窗口宽度参数，在此取 $R=0.1S$；a_{ij} 表示任意两神经元权值向量差值的绝对值，本书在此将 a_{ij} 规定为两权值向量的欧氏距离；f 表示阶跃函数，自变量取值大于等于 0 时，函数值取 1，否则取 0。

(2) 标准差

标准差可以衡量数据点的离散程度，标准差越大表明不同类别的神经元对应点团相离得越远。由于目前针对高维数据标准差的计算还没有一个明确的定义，本章按照式 (8.8) 来计算所有样本的标准差。

$$S = \sqrt{\frac{\sum_{i=1}^{n} (v_i - v_{ave})^2}{n-1}}$$

(8.8)

式中，S 表示样本标准差；v_i 和 v_{ave} 分别表示第 i 个神经元对应的权值向量和平均向量；n 表示竞争神经元个数。

(3) 样本差异度

为了确保同一类神经元形成的"点团"能够与其对应类别的样本点吻合，在 PSO 适应度函数中加入以下指标衡量同类神经元与样本的吻合程度。

$$L = \sum_{i=1}^{n} \min(dist(v_i, v_{data}))$$

(8.9)

其中，L 表示样本吻合度；$\min(dist(v_i, v_{data}))$ 表示第 i 个神经元权值向量与所有训练样本之间欧氏距离的最小值。该指标表示每一个神经元和与自己最接近的样本的距离，指标值越小，表明各神经元越接近自己对应类别的样本。

在上述 3 个指标中，类内密度和标准差越大，样本差异度越小，表明该组权值取值越合适。因此将式 (8.10) 作为 PSO 算法的适应度函数。

$$y = \frac{SD}{L}$$

(8.10)

以下为本章设计的 PSO-SOM 算法的主要计算过程。

①根据问题背景，确定网络结构和各层神经元数量，并对网络进行初始化。

②对 SOM 神经网络多次进行初步聚类，从而获取指定数量的权值数据作为 PSO 中的种群。

③式（8.10）作为 PSO 算法的适应度函数，以 SOM 网络中所有神经元的权值作为变量进行 PSO 寻优。

④将 PSO 算法得到的结果作为 SOM 神经网络的权值，将测试集数据代入网络，获得网络输出结果。

本章设计的 PSO-SOM 算法充分利用 PSO 算法强大的寻优能力对 SOM 神经网络的权值进行了优化，从而提高算法的识别准确率。

8.5 电弧故障检测

本章利用 PSO-SOM 算法建立电弧故障检测模型，模型输入为时域的 39 个特征值和频域的 10 个特征值，一共 49 个输入节点。模型输出为灯感串联、灯泡、电磁炉、计算机和手电钻 5 种负载电路的正常电弧和故障电弧两种工作状态，共 10 个输出节点，如表 8.6 所示。为了对不同的情况进行区分，对 5 种负载的正常和故障两种工作状态进行编号。采用二进制编码方式，编码长度为 4 位，其中前 3 位表示负载种类，最后 1 位表示是正常电弧还是故障电弧[18][19]。

表8.6　5 种负载在不同工作情况下对应编号

负载种类	工作情况	对应编号
灯感串联	故障	0010
	正常	0011
灯泡	故障	0100
	正常	0101
电磁炉	故障	0110
	正常	0111
计算机	故障	1000
	正常	1001

手电钻	故障	1010
	正常	1011

SOM 网络需要对 10 个类别的样本进行聚类。在 SOM 网络的训练过程中，为了防止某一类样本由于训练数据占比较大，导致多数神经元均向该类别靠近，导致其余类别判断不准确的情况发生，本章针对每一种情况均取 5 组数据，并随机选取 3 组作为训练数据，其余 2 组作为测试数据。除此以外，算法涉及的其他参数取值如下：SOM 网络方面，竞争神经元数量为 6×6=36 个；网络学习率最大值取 0.2，最小值取 0.05；权值更新半径最大值取 1.5，最小值取 0.8；训练步数取为 200 步；PSO 算法方面，种群规模取为 10；个体速度的最大值取为 0.5；个体位置坐标范围取为 ±2；最大训练步数取为 100 步。

另外，为了确定网络的输出结果具体属于哪一类别，在 SOM 网络输出判别结果后，按照以下方法确定激活神经元所属类别：计算某一神经元权值向量与所有训练样本的欧氏距离，取距离最小的样本对应的类别为该神经元的所属类别。

将 20 组测试样本分别输入 PSO-SOM 模型和未经优化的 SOM 模型进行训练并对比，如图 8.2~图 8.3 和表 8.7 所示。PSO 算法的训练过程如图 8.4 所示，横轴表示训练次数，纵轴表示粒子适应度值。从图中可以看出，算法经过了 40 次左右的训练后基本收敛到了最优粒子适应度值，为 0.1147。

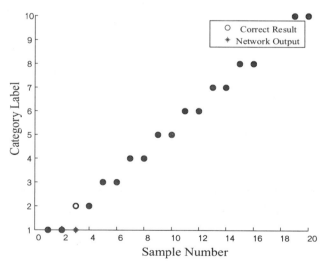

图 8.2 PSO-SOM 算法分类结果

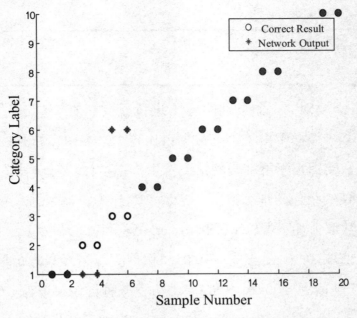

图 8.3 SOM 神经网络识别结果

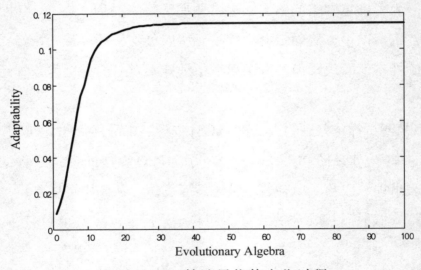

图 8.4 PSO 算法最优值变化过程

表 8.7 SOM 算法与 PSO-SOM 算法识别成功率对比

使用算法	测试样本个数	正确识别样本个数	识别率 (%)
PSO-SOM 神经网络	20	19	95
SOM 神经网络	20	14	70

　　从检测结果中可以看出，经过 PSO 优化的 SOM 神经网络对故障电弧和正常电弧的检测准确率可达 95% 以上，仅有一组灯感负载的识别出现错误，PSO 算法中粒子的最优值在经过 40 次训练以后也基本达到了最大值；而未经优化的 SOM 网络的检测准确率仅为 70%，其中负载为灯感串联下的正常电弧、灯

泡下的故障电弧和电磁炉下的故障电弧均出现错误。因此，PSO 算法能够极大提高 SOM 网络的检测准确率。

8.6 本章小结

本章通过 PSO 算法求解最优值的能力确定 SOM 网络的权值，实现了电弧故障检测，并得出了以下结论。

①传统 SOM 网络难以对多分类问题作出准确的识别，而经过 PSO 算法优化后的 SOM 网络的聚类能力大幅提升，识别准确率可达 95%，因此这种优化方法是可行的。

②负载为灯感串联时的故障电流特征和正常电流特征差异较小，这造成了分类识别的困难，因此 PSO-SOM 网络在识别的过程中出现了错误。

③灯感、灯泡和计算机 3 种负载在故障状态下工作时的频域特征分布和正常状态较为接近，而电磁炉和手电钻 2 种负载在低频率下的频域特征值均高于正常状态。

8.7 参考文献

[1]L. Kumpulainen, M. Lehtonen. Preemptive arc fault detection techniques in switchgear and controlgear[J]. IEEE transactions on industry applications, 2013, 49, (4): 1911-1918.

[2]R. Grassetti, R. Ottoboni, M. Rossi. Low cost arc fault detection in aerospace applications[J]. IEEE instrumentation & measurement magazine, 2013, 10: 37-42.

[3]张俊康, 邓启亮, 唐金城. 串联故障电弧的特征分析与建模研究[J]. 电工技术, 2017, 1(A): 30-32.

[4]S. Li. Study of low cost arc fault circuit interrupter based on MCU[J]. International journal of control and automation, 2015, 8(10): 25-34.

[5]余琼芳. 基于小波分析及数据融合的电气火灾预报系统及应用研究[D]. 燕山大学, 2013.

[6]邹云峰, 吴为麟, 李智勇. 基于自组织映射神经网络的低压故障电弧聚类分析[J]. 仪器仪表学报, 2010, 31(3): 571-576.

[7]顾民, 葛良全. 基于自组织神经网络的变压器故障诊断[J]. 电力系统保护与控制, 2007, 35(023):28-30.

[8]尹波. 基于自组织神经网络的生态环境污染信息监测研究[J]. 环境科学与管理, 2022, 47(11): 144-148.

[9]田高鹏, 林年添, 张凯,等. 多波地震油气储层的自组织神经网络学习与预测[J]. 科学技术与工程, 2021, 21(19): 7931-7941.

[10]钱晓宇, 方伟, 董洪伟. 基于局部搜索的反向学习竞争粒子群优化算法[J]. 控制与决策, 2021, 36(4): 779-789.

[11]王东风, 孟丽. 粒子群优化算法的性能分析和参数选择[J]. 自动化学报, 2016, 42(10): 1552-1561.

[12]郭森, 秦贵和, 张晋东,等. 多目标车辆路径问题的粒子群优化算法研究[J]. 西安交通大学学报, 2016,50(09): 97-104.

[13]张艳梅, 姜淑娟, 陈若玉,等. 基于粒子群优化算法的类集成测试序列确定方法[J]. 计算机学报, 2018, 41(004): 931-945.

[14]贾爽, 贺利乐. 基于粒子群优化 SOM 神经网络的轴系多振动故障诊断[J]. 机械传动, 2011, 35(6): 76-78+82.

[15] 刘桂芬, 李杨. 遗传算法优化 GMM 的故障电弧识别方法 [J].测控技术,2019,38(1): 77-81.

[16]吕强, 俞金寿. 基于粒子群优化的自组织特征映射神经网络及应用[J]. 控制与决策, 2005, 20(10): 1115-1119.

[17]高鹤元, 甘辉兵, 郑卓,等. 粒子群优化神经网络在船舶辅锅炉故障诊断中的应用[J]. 计算机应用与软件, 2020, 37(08): 137-141+148.

[18]王子骏, 张峰, 张士文. 基于支持向量机的低压串联故障电弧识别方法研究[J]. 电测与仪表, 2013, 50(4): 22-26.

[19] S. H. Mortazavi, Z. Moravej, S. M. Shahrtash. A hybrid method for arcing faults detection in large distribution networks[J]. Electrical power and energy systems, 2018, 94: 141-150.

第 9 章　基于连续小波变换和 Attention-DRSN 的串联电弧故障检测

　　本章利用深度学习的强大计算机视觉能力，提出了一种基于注意力机制和深度残差收缩网络（Attention-DRSN）的电弧故障检测方法。使用连续小波变换提取电流信号特征，并以图像的形式呈现。对提取的图像特征进行数据增强、灰度化处理，利用 PCA 技术对图像数据进行重构，提取有效特征，去除冗余数据，减少运算量。为更早地关注到关键特征，提高模型的泛化能力，在深度残差网络之前添加注意力层，构建 Attention-DRSN 故障检测模型。为了验证模型的有效性，采用 K-折交叉验证方法对数据集划分，避免单一测试集造成的结果片面性。实验结果表明，该检测方法在所构建的数据集上具有优异的性能，模型平均准确率为 98.52%。在随机抽取的 1000 个样本中，识别平均准确率达到了 98.9%。

9.1　信号采集及特征提取

9.1.1　连续小波变换

　　傅里叶变换是应用最广泛、效果最好的信号分析方法之一，然而无法对某一特定时间段内的频域信息或某一特定频率段内的时间信息进行处理和分析。这种特性导致其无法准确地分析非平稳信号，而在实际电弧故障电流信号中包含许多非平稳、随机性的成分，如偏移、突变、趋势等，这些成分都是反映信号的重要特征指标。与傅里叶变换相比，小波变换继承和发展了短时傅里叶局部化的思想，并克服了传统傅里叶变换的缺点，可以自适应满足对时频信号分析的要求，对信号的任意细节进行聚焦，在高频处对时间进行细分，低频处对频率进行细分，有利于处理电弧故障这一类突变信号。鉴于连续小波变换的优点，采用连续小波变换作为提取电弧故障特征的处理手段，其基本原理如下：

　　设 $\psi(t) \in L^2(R)$，$L^2(R)$ 表示平方可积的实数空间，其傅里叶变换 $\psi'(\omega)$ 满足约束条件[1]-[3]。

$$C_\psi = \int_{-\infty}^{+\infty} |\psi'(\omega)|^2 \frac{\mathrm{d}\omega}{|\omega|} < \infty \tag{9.1}$$

式中，$\psi(t)$ 为基小波或小波母函数。对 $\psi(t)$ 进行伸缩和平移得到如下函数。

$$\psi_{a,b}(t) = \frac{1}{\sqrt{|a|}} \psi\left(\frac{t-b}{a}\right) \tag{9.2}$$

式中，$\psi_{a,b}(t)$ 为连续小波基函数，a 为尺度参数，b 为平移参数，$a,b \in R(a \neq 0)$。对于任意的函数 $f(t) \in L^2(R)$，$\psi(t)$ 为一个小波基函数，其连续小波变换后的函数如下。

$$W_f(a,b) = |a|^{-\frac{1}{2}} \int_{-\infty}^{+\infty} f(t) \overline{\psi\left(\frac{t-b}{a}\right)} \mathrm{d}t, a \neq 0 \tag{9.3}$$

式中，$f(t)$ 是关于函数族 $\psi_{a,b}(t)$ 的小波变换，其中 $\overline{\psi(t)}$ 为 $\psi_{a,b}(t)$ 的共轭函数。小波变换的逆变换为：

$$f(t) = \frac{1}{C_\psi} \int_{-\infty}^{+\infty} \int_{-\infty}^{+\infty} a^{-2} W_f(a,b) \psi_{a,b}(t) \mathrm{d}a \mathrm{d}b \tag{9.4}$$

9.1.2 信号特征提取

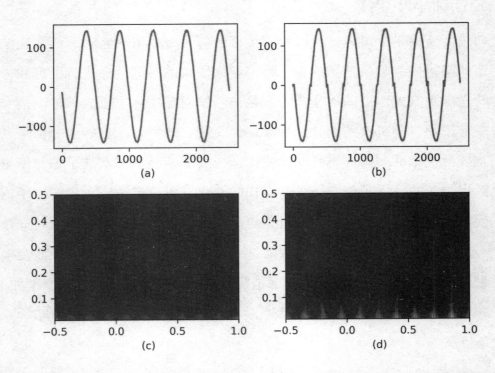

图 9.1 连续小波变换时频特征 (a) 电吹风正常电流信号 (b) 电吹风电弧故障电流信号 (c) 电吹风正常工作时频特征 (d) 电吹风电弧故障时频特征

小波函数的选择是小波分析中的一个难点，往往只能通过经验或不断的试验来选择小波。从小波的支集长度、消失距阶数、正则性和对称性四个角度进行小波选择，经反复比较各小波函数实际的滤波效果后，决定采用 db5 小波对电流信号进行分解，求小波系数。对原始电流信号进行连续小波变换，尺度选择为 $a = [1:1:64]$，得到连续小波变换时频特征图，如图 9.1 所示。小波系数的模态最大值反映了信号的突变点特征，可以作为故障特征，用于检测电弧故障。

9.2 数据处理及数据集构建

对数据进行预处理，提高数据质量，有助于提高模型的学习效率和精度，构建有效的特征数据集。

9.2.1 数据增强

在处理图像识别的问题时，为获得更优的结果，需要大量的数据。由于目前尚未建立比较系统和完善的串联电弧故障数据库，并且实际实验过程繁琐，想要获得大量的实验数据，需要花费大量的时间和金钱，所以一般通过实验所采集的数据数量很难达到模型学习的要求，严重地影响了深度学习模型在电弧故障检测任务中的应用。

为提高模型泛化能力，提升模型的鲁棒性，根据连续小波变换时频特征图像的成像特点，通过以下 4 种技术手段对数据集进行扩充[4]-[6]。

1）旋转：以图片中心为原点，顺时针将图片旋转 90 度，数据集扩充 4 倍。

2）镜像：对经过旋转操作后的图片集，进行垂直镜像和水平镜像处理，对数据集扩充 2 倍。

3）噪声：对部分图片随机添加具有零均值特性的高斯噪声，可以有效地使高频特征失真，减弱其对模型的影响，有效提升神经网络的学习能力。

4）位移：对部分图片随机进行平移操作，随机平移的最大幅度为 0.2，填充方式采用边缘填充。

9.2.2 灰度化与归一化

在图像识别过程中，实质是模型对每一个像素点的学习。像素点是最小的图像单元，一张图片由很多像素点构成。在彩色图像中，每个像素的颜色由 R、G、B 三个分量决定，每个分量的取值范围为 0~255，这样一个像素点可以有 1600 多万（255，255，255）的颜色变化范围。为减少后续模型学习的计算量，采用加权平均法对图片特征进行灰度化处理，将三通道变为单通道，计算原理如式（9.5）所示。

$$Gray(i, j) = 0.299R + 0.587G + 0.144B \tag{9.5}$$

灰度化后的图像仍能反映图像的色度和亮度等级的分布特征，如图 9.2 所示。

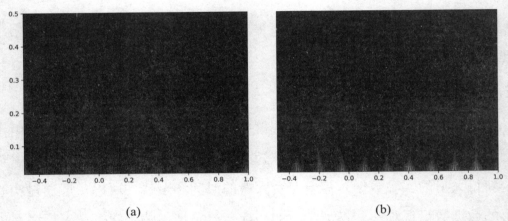

(a)   (b)

图 9.2 灰度化图像 (a) 电吹风正常 (b) 电弧故障

在进行数据增强之前，为消除仿射变换的影响，加快梯度下降求最优解的速度等需求，对原始图像进行归一化处理，将其转换成相应的唯一标准形式。计算原理如式（9.6）所示。

$$x(i, j) = Gray(i, j) / 255 \tag{9.6}$$

9.2.3 PCA 特征提取重构

经过处理后的图像的形状为（128，128，1），包含 16384 个特征值。由图 9.1 电吹风正常及电弧故障时的时频特征图可以发现，(a) 和 (b) 之间存在大量高相关性的特征量，有效特征很少。在这种情况下，模型训练数据时容易出现特征过多和特征冗余的问题，影响训练结果。因此在尽可能好地代表原始特征的情况下，对原始特征数据进行 PCA 特征提取重构，原理如下[7]-[9]：

假设有 N 幅图像，训练样本的尺寸均为 $m \times n$，X_i 为第 i 幅图像的列向量，X 为 N 幅图像的组合矩阵。总体的协方差矩阵为：

$$\mu = \frac{1}{N} \sum_{i=0}^{N-1} X_i \tag{9.7}$$

$$C = \frac{1}{N} \sum_{i=0}^{N-1} (X_i - \mu)(X_i - \mu)^T = \frac{1}{N} XX^T \tag{9.8}$$

式中，μ 为样本采集图像的平均图像向量。

设协方差矩阵的特征值为 λ_i，对应特征向量为 u_i。取前 L 个最大特征向量构成投影矩阵 $E = (u_0, u_1, ..., u_{L-1})$，$L$ 的取值根据特征值的累计贡献率确定。

$$a \le \frac{\sum_{i=0}^{L-1} \lambda_i}{\sum_{i=0}^{mn-1} \lambda_i} \tag{9.9}$$

在尽可能保留原始向量内部信息的情况下，取 $a = 0.95$，则 $L \ge 216$。取 $L = 256$ 对样本数据进行重构，重构后的样本数据形状为 (16，16，1)，如图 9.3 所示。

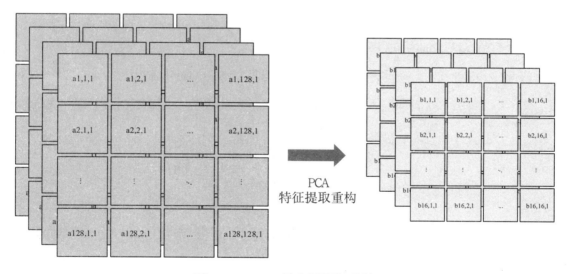

图 9.3 PCA 特征提取重构

9.2.4 数据集构建

将采集得到的 4 种典型家用电器负载的正常和电弧故障信号，经过处理后的数据赋予标签，并对标签进行热编码，构建数据集，数据集的构成如表 9.1 所示。

表 9.1 数据集构成

负载	状态	原始样本	数据扩充	标签
电吹风	Arc	62	530	0
	Normal	62	530	4
电磁炉	Arc	62	530	1
	Normal	62	530	5
手电钻	Arc	62	530	2
	Normal	62	530	6
白炽灯	Arc	62	530	3
	Normal	62	530	7
样本总数		496	4240	

9.3 电弧故障检测模型

根据数据集的构成特点，搭建基于注意力机制和深度残差收缩网络的电弧故障检测模型[10]-[13]。利用注意力机制和软阈值，消除因数据增强而产生的噪声及冗余数据，关注关键特征，提高模型的鲁棒性。

9.3.1 注意力机制和软阈值化

注意力机制是指将注意力集中于关键特征信息的机制[14][15]。主要分为两步：第一，通过全局扫描，获得局部关键信息；第二，增强有效信息，抑制无效信息。对于 N 个输入信息 $X=[x_1,x_2,\cdots,x_N]$ 有：

$$a_i = soft\max(s(X_i,q)) = \frac{\exp(s(X_i,q))}{\sum_{j=1}^{N}\exp(s(X_j,q))} \tag{9.10}$$

式中，q 为查询向量，$s(X_i,q)$ 为注意力打分函数，采用点积模型：$s(X_i,q) = X_i^T q$。

根据注意分布计算可得：

$$att(X,q) = \sum_{i=1}^{N} a_i X_i \tag{9.11}$$

软阈值可以将绝对值低于某个阈值的特征位置为零，将其他的特征也朝着零的方向收缩，其取值大小对于降噪的结果有着直接影响。其计算原理如式（9.12）所示。

$$y = \begin{cases} x - \tau, & x > \tau \\ 0, & -\tau \le x \le \tau \\ x + \tau, & x < -\tau \end{cases} \tag{9.12}$$

9.3.2 残差收缩网络

深度残差收缩网络是基于深度残差网络的一种变体，相比深度残差网络，深度残差收缩网络将"软阈值化"作为"收缩层"引入残差模块之中。残差收缩模块结构如图 9.4 所示，包含两个卷积单元，以及一个由全连接层构成的子网络[16]-[18]。残差收缩模块中的子网络，用于自动学习阈值，对特征图进行软阈值化，消除特征图中包含的噪声和冗余数据。

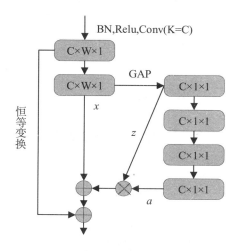

图 9.4 残差收缩模块

9.3.3 BN 批量规范化和损失函数

由于所构建的网络层数比较深，在训练过程中，中间层数据分布发生改变，造成梯度消失或爆炸。为此在模型中引入 BN 层，从改变数据分布的角度避免了参数陷入饱和区，其运算原理如下：

批量处理样本均值：

$$\mu_X = \frac{1}{n} \sum_{i \in (1,n)} x_i \tag{9.13}$$

批处理样本方差：

$$\sigma_X^2 = \frac{1}{n} \sum_{i \in (1,n)} (x_i - \mu_X)^2 \tag{9.14}$$

规范化处理：

$$\hat{x}_i = \frac{x_i - \mu_X}{\sqrt{\sigma_X^2 + \varepsilon}} \tag{9.15}$$

尺度变换和偏移：

$$y_i = \gamma \hat{x}_i + \beta \equiv BN_{\gamma,\beta(x_i)} \tag{9.16}$$

式中，$x_i \in X = \{x_1, x_2, \cdots, x_n\}$，$X$ 为批量处理的样本数据，y_i 为批量规范化后的输出数据，$\varepsilon > 0$ 是一个无限接近于 0 的常数，γ 和 β 为重构参数，分别表示为尺度参数和偏移参数。当处理后的数据没有起到优化作用时，此时 $\gamma = \sqrt{\sigma_X^2 + \varepsilon}$，$\beta = \mu_X$。

损失函数采用分类交叉熵函数，其计算公式为：

$$Loss(\hat{y}, y) = -\sum_{i \in (1,n)} [y_i \log \hat{y}_i + (1 - y_i) \log(1 - \hat{y}_i)] \tag{9.17}$$

式中，$\hat{y}$ 表示模型预测输出，y 表示真实输出分布。

9.3.4 Attention-DRSN 故障检测模型构建

本章在深度残差收缩网络的基础上对故障检测模型进行设计，具有 12 层结构，如表 9.2 所示。

表 9.2 故障检测模型结构

序号	层类型	激活函数	输出尺寸
1	输入		(None, 16, 16, 1)
2	注意力层	Softmax	(None, 16, 16, 16)
3	卷积	Relu	(None, 16, 16, 64)
4	BN		(None, 16, 16, 64)
5	残差收缩	Sigmoid	(None, 8, 8, 64)
6	BN		(None, 8, 8, 64)
7	最大池化		(None, 4, 4, 64)
8	BN		(None, 4, 4, 64)
9	最大池化		(None, 2, 2, 64)
10	平均池化		(None, 64)
11	全连接	Relu	(None, 128)
12	全连接	Softmax	(None, 8)

为更早地提取到有效信息，在卷积层之前添加注意力层，提前对输入数据进行打分，增强有效信息，抑制无效信息，提高特征提取效率。在卷积层和全连接层中添加正则化，提高网络泛化能力，防止过拟合，其参数为

$L2 = 1e-4$，并在卷积层和最大池化层之后引入 BN 层，防止梯度消失会爆炸。优化器选择 Adam 算法，动态调整学习率。输出层利用 Softmax 函数输出检测结果。

9.4 实验结果与分析

为证明所建模型的有效性，利用 4-折交叉验证的方法对数据集进行划分，并对结果进行可视化处理。同时，对其他故障检测模型进行探索，并与所建模型进行对比分析。

9.4.1 4-折交叉验证

为避免单一测试集的结果存在片面性，采用 4-折交叉验证的方法对数据集进行划分。划分比例为 3:1，训练集 3 份，测试集 1 份，训练集与测试集互为补集，循环交替。定义每个批次包含 32 个样本，训练 45 个周期，损失函数采用分类交叉函数，并对训练集和测试集在训练过程中的准确率和损失值可视化。模型训练过程中准确率变化如图 9.5 所示，损失值变化如图 9.6 所示。

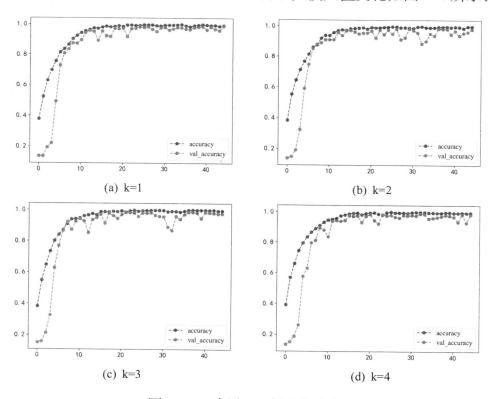

(a) k=1

(b) k=2

(c) k=3

(d) k=4

图 9.5 4-折交叉验证准确率

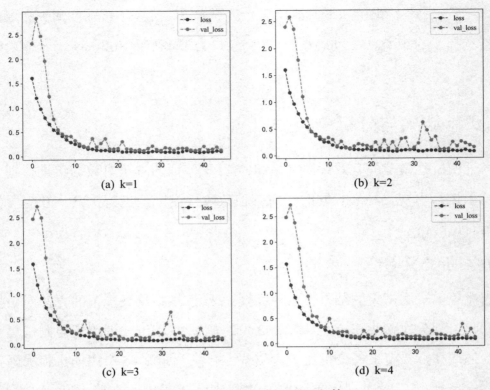

图 9.6 4-折交叉验证损失值

从图 9.5、9.6 中可以看出，对于 4 种不同的测试集，所建故障检测模型都表现出优异的性能，准确率都达到了 98%以上，损失值降到了 0.2 以下。将 4 次运算的结果去平均值，作为模型的最终结果进行输出，如图 9.7 所示。可以看出，准确率和损失值变化曲线，在经过 15 次迭代后都趋于平稳，电弧故障检测模型的最终识别准确率为 98.52%，损失值为 0.1219。4 次运算，测试集在模型中的损失值和准确率如表 9.3 所示。

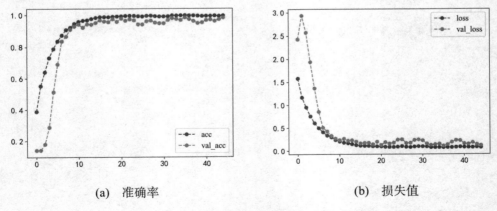

图 9.7 平均准确率及损失值

表 9.3 4-折交叉验证

k-Fold	损失值	准确率（%）
1	0.1122	98.96
2	0.1520	97.92
3	0.1129	98.56
4	0.1106	98.63
平均值	0.1219	98.52

9.4.2 分类结果可视化

在机器学习中，常用查准率、召回率、F1 值和准确率作为评价指标，对模型的性能进行综合评价。4 个指标如下所示：

$$pre = \frac{TP}{TP + FP} \tag{9.18}$$

$$rec = \frac{TP}{TP + FN} \tag{9.19}$$

$$F1 = 2 \times \frac{pre \times rec}{pre + rec} \tag{9.20}$$

$$acc = \frac{TP + TN}{TP + TN + FP + FN} \tag{9.21}$$

式中，TP 表示正例预测为正例的数目；FP 表示负例预测为正例的数目；TN 表示负例预测为负例的数目；FN 表示正例预测为负例的数目。

4 个指标常用于二分类问题的评价，本章为多分类问题，因此将每一类看作一个二分类问题，随机取 1000 个样本放入模型进行预测，求得每个类别的真阳率（TPR）和假阳率（FPR），其计算过程如式（9.22）、（9.23）所示。

$$TPR = \frac{TP}{TP + FN} \tag{9.22}$$

$$FPR = \frac{FP}{TN + FP} \tag{9.23}$$

画出 ROC 曲线，如图 9.8 所示。在对随机抽取的 1000 个样本进行预测中，micro 值和 macro 值都达到了 0.989。模型对电吹风、电磁炉、手电钻、白炽灯电弧故障的识别准确率分别为 0.981、0.997、0.966、0.986，对正常状态的电流信号识别准确率为 0.997、1.0、0.998、0.984，其中手电钻电弧故障识别率最低。具体识别结果如图 9.9 所示，在 114 个手电钻电弧故障样本中，有 6 个被识别为电磁炉电弧故障，这是由于手电钻电弧故障信号波形与电磁炉电弧信号波形存在大量的突变点，利用连续小波变换所提取的特征具有相似性，所以发生误判。

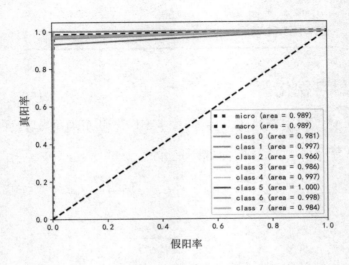

图 9.8 ROC 曲线

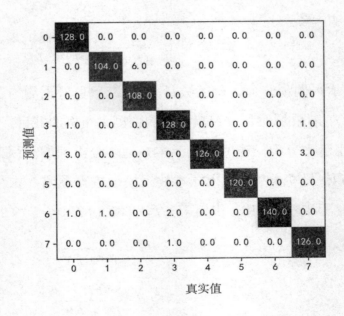

图 9.9 分类结果混淆矩阵

9.5 本章小结

本章提出了一种基于连续小波变换和 Attention-DRSN 模型的串联电弧故障检测方法，得到以下结论：

（1）使用连续小波变换提取电流信号的特征。选择 db5 小波对当前信号进行分解，比较各小波函数的滤波效果后得到小波系数。小波系数的模极大值反映了信号突变点的特征，可以用于电弧故障检测。

（2）采用添加噪声、旋转、镜像等方法可以解决数据少的问题，提高模型的泛化能力和鲁棒性。

（3）对图像特征进行灰度化处理和 PCA 特征提取重构，能够去除大量冗余数据，提取有效特征，减少运算量。

（4）在输入层之后添加注意力机制，相比单独的 DRSN 模型，能更早关注到有效信息，避免出现过拟合，模型泛化能力更好。

（5）分别构建了基于 DRSN、ResNet 和 CNN 的故障检测模型，并与提出的 Attention-DRSN 模型进行比较。结果表明，Attention-DRSN 模型具有更强的鲁棒性和泛化能力。实验负载电弧故障识别平均准确率为 98.52%，取得了较好的结果。

9.6 参考文献

[1] 刘型志, 田娟, 李松浓, 等. 基于连续小波变换的电表绕组故障检测方法研究[J]. 自动化仪表, 2022,43(02): 65-68+75.

[2] 冯秋实, 陈剑云, 林鹏, 等. 基于连续小波变换的输电线路故障行波测距方法的研究[J]. 电测与仪表, 2016, 53(2):40-44.

[3] 刘春晓, 姜涛, 李雪, 等. 基于连续小波变换的电力系统动态稳定综合评估[J]. 电力自动化设备, 2021,41(2): 144-152.

[4] 丁鹏, 卢文壮, 刘杰, 等. 基于生成对抗网络的叶片表面缺陷图像数据增强[J]. 组合机床与自动化加工技术, 2022(7):18-21.

[5] 蒋芸, 张海, 陈莉, 等. 基于卷积神经网络的图像数据增强算法[J]. 计算机工程与科学, 2019, 41(11):10.

[6] 司马紫菱, 胡峰. 基于模拟多曝光融合的低照度图像增强方法[J]. 计算机应用, 2019, 39(6): 1804-1809.

[7] 唐婉冰, 关瑜, 王子豪, 等. 基于 LBP 和 PCA 特征提取的人耳识别[J]. 计算机与现代化, 2015(12): 70-73.

[8] 刘令, 张旭, 张盛敏, 等. 基于 PCA 模型的数据特征提取[J]. 建筑工程技术与设计, 2017, (014): 4905-4908.

[9] 杨博雄, 杨雨绮. 利用 PCA 进行深度学习图像特征提取后的降维研究[J]. 计算机系统应用, 2019, 28(01): 281-285.

[10] 褚若波, 张认成, 杨凯, 肖金超. 基于多层卷积神经网络的串联电弧故障检测方法[J]. 电网技术, 2020, 44(12): 4792-4798.

[11] 王红, 史金钏, 张志伟. 基于注意力机制的 LSTM 的语义关系抽取[J]. 计算机应用研究, 2018, 35(5): 1417-1420+1440.

[12] 吴湘宁, 贺鹏, 邓中港, 等. 一种基于注意力机制的小目标检测深度学习模型[J]. 计算机工程与科学, 2021, 043(001):95-104.

[13] 马鑫, 尚毅梓, 胡昊, 等. 基于数据特征增强和残差收缩网络的变压器故障识别方法[J]. 电力系统自动化, 2022, 46(3):175-183.

[14] 田钦文, 冯辅周, 李鸣, 等. 基于一维深度残差收缩网络的汇流行星排齿轮裂纹故障诊断[J]. 振动与冲击, 2022, 41(19):198-206.

[15] 车思韬, 郭荣佐, 李卓阳, 等. 注意力机制结合残差收缩网络对遥感图像分类[J]. 计算机应用研究, 2022, 39(8):2532-2537.

[16] Cudina M, Prezelj J. Evaluation of the sound signal based on thewelding current in the gas-metal arc welding proces[J]. Proceeding of the Institution of Mechanical Engineers, 2003, 217(5): 483-494.

[17] Sidhu Ts, Singh G, Sachde MS, et al. Microprocessor based instrument for detecting and locating electric arcs[J]. IEEE Transactions on Power Delivery, 1998, 13(4): 1079-1085.

[18] 张冠英, 张晓亮, 刘华, 等. 低压系统串联故障电弧在线检测方法[J]. 电工技术学报, 2016, 08:109-115.

第 10 章　基于权重博弈层次分析法的火灾参量评价

10.1 引言

　　发生电弧故障时，经常会引燃不同可燃物质而发生火灾，同时伴随着产生烟雾、高温、火焰和燃烧气体等火灾特征参量。然而不同可燃物质燃烧或相同物质燃烧而环境条件不同，火灾特征信号均会产生很大差异，如酒精燃烧产生的烟雾颗粒极少，而木材和棉绳热解阴燃火等会产生大量灰烟；正庚烷明火、聚氨酯塑料火和木材明火的环境温度会有明显升高，而木材热解阴燃火的环境温度几乎不变。这些火灾特征信号在非火灾情况下也可能发生（如厨房油烟信号、车库局部的 CO 信号等），甚至信号变化规律与发生火灾时会出现类似的情况。为了准确判断是否发生火灾，需要详细分析这些火灾参量，并选出有效火灾参量或组合作为火灾检测并及时报警的依据。

　　本章首先对烟雾、温度、火焰和可燃气体等火灾参量特征进行分析；其次介绍木材热解阴燃火、棉绳热解阴燃火、聚氨酯塑料火和正庚烷明火等 8 种标准试验火，并对标准火条件下的火灾参量进行分析；最后提出权重博弈层次分析法对火灾参量进行评价，以选出有效火灾参量或参量组合。

　　层次分析法中的指标权重对评价结果起着关键性作用。传统确定权重的方法是通过判断矩阵计算得到的，存在过分依赖专家经验的问题。针对这一问题，本章提出了权重博弈成分分析，利用博弈论对判断矩阵得到的权重和结构熵权法得到的权重进行综合，可以提高权重计算结果的可靠性。

10.2 火灾烟雾特征

　　大多数火灾发生时均会释放出大量的烟雾，烟雾是火灾早期的重要特征之一。火灾烟雾通常是由三类物质组成的具有较高温度的混合气溶胶，分别为：①气相燃烧产物；②未完全燃烧的液相、固相分解生成物与冷凝物微小颗粒；③未燃的高温可燃蒸汽。衡量火灾烟雾颗粒特征的参数主要包括平均粒径、粒径分布和浓度[1]。

10.2.1 烟雾颗粒的平均粒径

烟雾颗粒的平均直径按定义不同，有不同的数学表达式、不同的数值和物理意义。所谓平均直径就是用假想尺寸均一的粒子群来代替来源的实际的粒子群，并保持原来粒子群的某个特征量不变。最常用的有索太尔平均直径、体积平均直径和质量中间直径。

索太尔平均直径 D_{32} 是用假想尺寸均一的粒子群来代替来源的实际的粒子群时，保持总体积和总表面积的比值不变，如式（10.1）所示。索太尔平均直径是一种应用最广泛的平均直径，在不同燃烧状况时，部分可燃物的索太尔直径如表 10.1 所示。

$$D_{32} = \int_{d_0}^{d_{\max}} d_i^3 d\upsilon \bigg/ \int_{d_0}^{d_{\max}} d_i^2 d\upsilon \tag{10.1}$$

表 10.1 在不同燃烧状况时，部分可燃物的索太尔直径

可燃物	平均直径 D_{32}（μm）	燃烧状况
杉木	0.75~0.8	热解
杉木	0.47~0.52	明火燃烧
聚氯乙烯（PVC）	0.8~1.1	热解
聚氯乙烯（PVC）	0.3~0.6	明火燃烧
软质聚氨酯塑料（PU）	0.8~1.0	热解
软质聚氨酯塑料（PU）	0.5~0.7	明火燃烧
软质聚氨酯塑料（PU）	1.0	热解
软质聚氨酯塑料（PU）	0.6	明火燃烧
聚苯乙烯（PS）	1.4	热解
聚苯乙烯（PS）	1.3	明火燃烧
聚丙烯（PP）	1.6	热解
聚丙烯（PP）	1.2	明火燃烧
有机玻璃（PMMA）	0.6	热解
有机玻璃（PMMA）	1.2	明火燃烧

体积平均直径 D_{30} 是用假想尺寸均一的粒子群来代替来源的实际的粒子群时，总体积和粒子总数不变，如式（10.2）所示。

$$D_{30} = \left[\frac{\int_0^{D_{\max}} D^3 dN}{\int_0^{D_{\max}} dN} \right]^{\frac{1}{3}} \tag{10.2}$$

质量中间直径 D_{43} 是在该直径以上或以下，粒子的累积质量百分数相等（各占 50%），可以由质量频率分布数据直接求得。当用 R-R 分布时，其累积容积百分数达到 50%时，它的粒子直径即为质量中间直径，如式（10.3）所示。

$$MMD = (0.693)^{\frac{1}{k}} \cdot \overline{x} \qquad (10.3)$$

10.2.2 烟雾浓度

烟雾浓度是火灾防治中最为关注的火灾特征之一，直接反映了烟量的大小、能见度的状况和烟雾的危害程度。由于不同物质燃烧产生的烟量和成分不同，烟雾浓度尚没有一个统一的定义和测量单位，有多种表示烟雾浓度的方法。

①粒子浓度：以单位体积中所含有的烟雾粒子的数量来表征烟雾的浓度。

②质量浓度：以单位体积内烟雾的质量来表征烟雾的浓度。一般是借助过滤已知体积的烟气，并称量所收集的颗粒物质，来测定烟雾的质量浓度。

③减光率：利用光束穿过烟雾时光强度产生衰减量的百分数表示烟雾的浓度。设无烟时光电接收器接收到的光强为 I_0（W/m^2），光在烟雾中穿过一定距离后光电接收器所接收的光强为 I（W/m^2），则减光率 S（%）可表示为式（10.4）。

$$S = (1 - \frac{I}{I_0}) \times 100\% \qquad (10.4)$$

④光学密度：物体吸收光线的特性量度，即入射光量与反射光量或透射光量之比，常用透射率或反射率倒数的十进对数表示，如式（10.5）。

$$D = 10\lg(\frac{I}{I_0}) \qquad (10.5)$$

⑤减光系数的定义如式（10.6）所示。

$$m = \frac{10}{d}(\frac{P_0}{P}) \qquad (10.6)$$

式中，d 为光学测量长度，P_0 为无烟雾时光电接收器接收到的光功率，P 为有烟雾时光电接收器接收到的光功率，m 为减光系数。减光系数 m 与减光率 S 之间的关系如式（10.7）所示。

$$m = \frac{10}{d}[1 - \lg(10 - 0.1S)] \qquad (10.7)$$

10.3 火灾高温特征

在火灾发生的不同阶段都伴随着热量的产生和温度的升高。因此，利用温度信号来探测火灾，成为人类火灾探测的开端。火灾发生后，随着温度的升高，热烟气羽流开始上升，烟气的上升同时将热量带了上去，底层的低温空气进入火灾区域，形成空气对流。对流的速度、规模、高度与可燃物特性、燃烧状态、烟气温度等有关。从起火到激烈燃烧，热释放率大体按指数规律上升。根据这一特性，Heskestad 提出了按平方规律增长的火灾模型，如式（10.8）。

$$Q = a(t - t_p)^2 \tag{10.8}$$

式中，Q 为热释放速率，单位为 kW；a 为火灾增长系数，单位为 kW/s^2；t 为火灾点燃后的时间，单位为 s；t_p 为开始有效燃烧所需的时间，单位为 s。

由于燃烧、环境因素的不同，火灾初期的热释放速率分为慢速、中速、快速和超快速等不同的增长类型，如油池火为超快速火、纸壳箱为中速火。不考虑有效燃烧所需的时间，根据其增长系数可以得到热释放率达到 200kW 所需的实际时间，如表 10.2 所示。

表 10.2　火灾增长类型及达到 200kW 所需时间

火灾增长类型	火灾增长系数（kW/s^2）	热释放速率达到 200kW 的时间（s）
慢速火	0.002931	262.6
中速火	0.01127	129.0
快速火	0.04689	65.2
超速火	0.1878	32.6

10.4　火焰光谱特征

物质燃烧产生大量能量，这些能量以电磁波的形式向周围辐射，燃烧产生的电磁波主要包括以热辐射为主的红外波段、以光辐射为主的可见光波段和少量的紫外波段等。为避免可见光的干扰，进行火焰探测时主要响应火焰中的紫外波段和红外波段。

10.4.1　火焰的物理特性

根据火焰发光的原因，可以将其分为两类：一类是由高温引起的热使火焰发光；另一类是燃烧所引起的化学反应中的化学发光。发光火焰通常所表现出的物理特性有火焰的形状、发出的光谱以及闪烁频率等。当燃料和氧化物进行燃烧时，其火焰的光谱与是否充分混合、充分燃烧有密切关系。火焰按波长在全部波段的辐射强度分布，形成火焰光谱。燃烧火焰所释放出的能量包括紫外、可见光和红外等电磁辐射光谱。在高温受激的状态下，燃烧产物的分子释放出电磁辐射。火焰光谱在 4.4μm 附近可以明确地看到峰值，这是由炽热的 CO_2 分子发出的红外辐射，具有闪烁效应，是火焰所特有的，不会受到太阳辐射的影响，可以将火焰从其他背景辐射光谱中分离出来。所以红外火焰探测器主要工作波段是以 4.4μm 为中心。在紫外线谱波段内能够观察到火焰的微弱光谱是 NO 的带状光谱。由于大气层对短波紫外线的吸收，使太阳辐射照射到地球表面的紫外线只有波长大于 0.29μm 的长波紫外线，地球表面极少能观测到 0.29μm 以下的短波长辐射。因此选择 0.29μm 以下的波段作为紫外火焰探测区域，可避免日光辐射的干扰[2]。

10.4.2 火焰的光强特性

当火焰燃烧时，本体温度很高和周围的气体产生很大的温度差和压力差，从而使气体的对流加剧，产生范围较小的涡流以及较大范围的气体跃动。如果燃烧物是液体，还具有流动性。如果燃烧物是气体，不同温度的折射率和烟尘颗粒对光线的散射使整个发光谱段内火焰的光强不断变化，区别于太阳光和背景物体的稳定辐射。

10.4.3 火焰的频率特性

由于火焰光辐射的强度是波动的，等效于电流（电压）的频率，称为火焰的闪烁频率。当燃烧物不同时，闪烁频率和闪烁幅值均不相同。火焰闪烁的频率一般为 3～25Hz。火焰所具有的光强特性和频率特性，会对它的光谱产生影响。可以通过提取火焰的光强变化，根据其闪烁频率来识别火焰，估计火灾的危险度，从而对火灾做出监控。

10.5 火灾气体特征

火灾产生的气体成分是复杂多样的，有完全燃烧产物，如 CO_2 和 H_2O，也有不完全燃烧产物，如 CO、气态碳氢化合物及醇类、醛类、酸类、酯类。如果可燃物中还含有其他元素，如 S 和卤素（F、Cl、Br），则产物中就会包含硫的氧化物以及卤素的化合物。

大多数可燃物均含有 C、H 元素，其在空气中阴燃热或明火燃烧时，气态燃烧物的主要成分为 H_2O、CO 和 CO_2。Jackson 和 Robins 在 1994 年给出了实验测得的欧洲 6 种标准火（木材明火、木材热解火、棉绳阴燃火、聚氨酯塑料泡沫明火、正庚烷明火、酒精明火）的最大 CO 生成量，如表 10.3 所示[3]。酒精明火时 CO 生成量最少，也会达到 $16×10^{-6}$。

表 10.3 欧洲 6 种标准火的最大 CO 生成量

参数	TF1 木材明火 (t=720s)	TF2 木材热解火 (t=720s)	TF3 棉绳阴燃火 (t=540s)	TF4 聚氨酯塑料泡沫明火 (t=140s)	TF5 正庚烷明火 (t=180s)	TF6 酒精明火 (t=360s)
CO 峰值	$46×10^{-6}$	$105×10^{-6}$	$350×10^{-6}$	$45×10^{-6}$	$30×10^{-6}$	$16×10^{-6}$

火灾烟气中含有很多有毒、有害成分，CO、HCN、SO_2 是主要毒性组分，CO 则是造成人员窒息的主要组分。尤其在现代建筑中，使用了大量高分子聚合物的构件和装修材料，导致在高温条件下释放的有毒、有害成分比天然木材高得多，对人员安全的威胁更为严重。各种气体产物在环境中最大允许浓度和对人体危害是不同的，如表 10.4 所示。

表 10.4 火灾中典型气体产物的危害

火灾气体产物	环境中最大允许浓度/$×10^{-6}$	致人麻木极限浓度/$×10^{-6}$	致人死亡极限浓度/$×10^{-6}$
CO_2	5000	3%	20%
CO	50	2000	13000
HCN	10	200	270
H_2S	10	--	1000~2000
HCl	5	1000	1300~2000
NH_3	50	3000	5000~10000
HF	3	--	--
SO_2	5	--	400~500
Cl_2	1	--	1000
NO_2	5	--	240~775

综上所述，绝大多数液体或固体材料在燃烧初期，都会产生 CO、CO_2 等标志性气体。在正常情况下，环境中的 CO 背景干扰气体较少，因而可以作为火灾参量实现早期火灾探测。

10.6 标准试验火的参量信号

由于不同可燃物质燃烧或相同物质燃烧而环境条件不同时，火灾特征信号均会产生很大差异，因此世界各国均设计了标准试验火进行火灾参量信号研究。欧洲国家主要采用 EN 标准，美国采用 UL 标准和 ISO 标准，我国采用 SH 标准。标准试验火可操作性强，代表了各种典型火灾现象，包含固体与液体燃料，以及高温热解、阴燃与明火等各种燃烧状态，其燃烧产物也具有很强的代表性，如表 10.5 所示。其中名称 TF 为欧洲标准代号，SH 为我国标准代号。

表 10.5　标准试验火

试验火名称	试验火燃料	试验火布置	点火位置
木材热解阴燃火 SH1 (TF2)	10 根 75mm×25mm×20mm 的山毛榉棍（含水量约等于 3%）	木棍呈辐射状放置于加热功率为 2kW、直径为 220mm 的加热盘上面。加热盘表面有 8 个同心槽，槽宽度为 5mm，深度为 2mm，槽与槽之间距离 3mm，槽与加热盘边距离 4mm。	实验开始时，先给加热盘通电，加热盘的温度应在 11min 内升高到 600℃，并能稳定保持。
棉绳热解阴燃火 SH2 (TF3)	90 根长为 80cm、重为 3g 的棉绳	将棉绳固定在直径为 10cm 的金属圆环上，然后悬挂在支架上。	在棉绳下端点火，点燃后立即熄灭火焰，保持连续冒烟。
聚氨酯塑料火 SH3 (TF4)	质量密度约 20kg/m³ 的无阻燃剂软聚氨酯泡沫塑料	3 块 50cm×50cm×2cm 的垫块叠在一起。底板为铝箔，其边缘向上卷起。	直径为 5cm 的盘中，装入 5mL 甲基化酒精，仿真最下面垫块地一角点火。
正庚烷明火 SH4 (TF5)	正庚烷（纯度 ≥99%）加 3% 的甲苯（纯度 ≥99%），G_0=650g	将燃料放置于用 2mm 厚的钢板制成的底面积为 1100cm² (33cm×33cm)、高为 5cm 的容器中。	火焰或电火花
甲基化酒精火 SH5 (TF6)	90%的酒精加 10%的甲醇，V_0=1.5L	将燃料放置于用 2mm 厚的钢板制成的底面积为 1900cm² (43.5cm×43.5cm)、高为 5cm 的容器中。	火焰或电火花
木材火	70 根	在防火底板上将燃料分 7	火焰或电火花

SH6 (TF1)	250mm× 10mm×20mm 的 山 毛 榉 棍 （含水量小于 3%）	层， 按 50cm×50cm×8cm 布置， 在防火底板中央放置直径为 5cm 的容器， 容器中装入 0.5 的甲基化酒精。	
慢速木材热解阴燃火 SH7 (TF7)	10 根 75mm × 25mm × 20mm 的山毛榉棍（含水量小于 3%）	木棍呈辐射状放置于加热功率为 2kW、直径为 220mm 的加热盘上面。加热盘表面有 8 个同心槽，槽宽度为 5mm，深度为 2mm，槽与槽之间距离 3mm，槽与加热盘边距离 4mm。	实验开始时， 先给加热盘通电，加热盘的温度在 3min 加至 205℃， 并能稳定保持；80min 加至 470℃。
十氢化萘火 SH8 (TF8)	十氢化萘 摩 尔 质 量 = 138.25g/mol；密度= 0.88kg/L L=170mL	将燃料放置于用 2mm 厚的钢板制成的底面积为 144cm² （12cm×12cm）、高为 2cm 的容器中。	燃料中混入 5g 甲基化酒精，采用火焰或电火花点火。

烟雾出现在大部分可燃物质燃烧的初期，但是也有少数可燃物质燃烧产生的烟雾量不明显（如酒精燃烧），此时以烟雾作为单一火灾参量的话可能产生漏报。也有一些场所没有发生火灾时（如吸烟室、厨房、灰尘较多的厂房），会出现明显烟雾信号，此时可能会产生漏报现象。火灾发生时会释放出大量热量，引起温度升高。但是温度一般升高得比较慢，特别是阴燃火情况，不符合早期探测的要求。火焰主要出现在明火火灾，阴燃火灾早期火焰不明显。火灾初期如果出现大量烟雾也会遮挡火焰辐射，导致火焰不易被检测到而产生漏报。同时，太阳光比火焰能量大许多，可能引起火焰检测误报。环境中的 CO 背景干扰气体较少，因而经常作为火灾参量实现早期火灾探测。但是也存在不适合的场所，如汽车尾气含有大量的 CO 气体，在车库局部的 CO 气体浓度检测会发生误报。Oppelt 等人利用 CO 电化学传感器与光电感烟、感温探测器，对欧洲标准火及香烟等干扰源的烟雾、温度和 CO 信号进行测定，如表 10.6 所示。其中，信号强弱是指信号相对于各探测器响应阈值的强度大小。

表 10.6 标准火与干扰源的烟气、温度和 CO 浓度信号

标准火或干扰源	烟雾信号	温度信号	CO信号
TF1 榉木燃烧	弱	较弱	较弱
TF2 榉木热解	很强	无	强
TF3 棉绳阴燃	很强	无	很强

TF4 聚氨酯燃烧	强	弱	较弱
TF5 正庚烷燃烧	强	较弱	较弱
TF6 酒精燃烧	无	很强	无
车库	无	无	很强
香烟	弱	无	较弱
汽车尾气	弱	无	很强

10.7 综合评价方法

进行火灾检测时，可以选择某一火灾参量或火灾参量组合作为依据。但哪种选择方案最优，需要进行综合评价确定。综合评价的主要方法有综合指数法、最优权法、主成分分析法、模糊综合评价法、层次分析法等。

10.7.1 综合指数法

综合指数法是一种以正负均值为基准，求每项指标的折算指数后再汇总成综合指数的评价方法[4]。记 n 为评价对象个数，p 为指标个数，x_{ij} 为第 i 个对象第 j 项指标值，n_j^+ 为第 j 项指标取非负值的对象个数，n_j^- 为第 j 项指标取负值的对象个数。分别求 x_{ij} 的正、负均值 $\overline{x}_j^+$、$\overline{x}_j^-$，得：

$$\begin{cases} \overline{x}_j^+ = \frac{1}{n_j^+} \sum_{x_{ij} \geq 0} x_{ij} \\ \overline{x}_j^- = \frac{1}{n_j^-} \sum_{x_{ij} < 0} x_{ij} \end{cases} \tag{10.9}$$

其中，j=1, 2, $\cdots$, p。将 x_{ij} 无量钢化：

$$\begin{cases} k_{ij} = \frac{x_{ij}}{\overline{x}_j^+} \times 100 & x_{ij} \geq 0 \\ k_{ij} = \frac{x_{ij}}{|\overline{x}_j^-|} \times 100 & x_{ij} < 0 \end{cases} \tag{10.10}$$

k_{ij} 为 x_{ij} 的折算指数。对各项指标的折算指数去均值，可以得到综合指数 k_i。

$$k_i = \frac{1}{p} \sum_{j=1}^{p} k_{ij} \qquad i = 1, 2, \mathrm{L}, n \tag{10.11}$$

综合指数数值越大，说明该方案效果越好。

10.7.2 最优权法

设评价对象个数为 n，评价指标个数为 p，每个对象的无量钢化指标值为：

$$z_i = (z_{i1}, z_{i2}, \mathsf{L}, z_{ip})^T \quad i = 1, 2, \mathsf{L}, n \tag{10.12}$$

对每个对象构造线性函数：

$$u_i = \sum_{j=1}^{p} w_j z_{ij} \tag{10.13}$$

式中，$w = (w_1, w_2, \mathsf{L}, w_p)^T$ 为待求权向量，计算样本方差

$$s^2 = \frac{1}{n-1} \sum_{i=1}^{n} (u_i - \overline{u})^2 \tag{10.14}$$

式中：

$$\overline{u} = \frac{1}{n} \sum_{i=1}^{n} u_i \tag{10.15}$$

将式 (10.13) 和式 (10.15) 代入式 (10.14) 中，并整理得：

$$s^2 = \sum_{j=1}^{p} \sum_{k=1}^{p} w_j w_k v_{jk} = w^T v w \tag{10.16}$$

式中：

$$v_{jk} = \frac{1}{n-1} \sum_{i=1}^{n} (z_{ij} - \overline{z}_j)(z_{ik} - \overline{z}_k) \quad j, k = 1, 2, \mathsf{L}, p \tag{10.17}$$

$$\overline{z}_j = \frac{1}{n} \sum_{i=1}^{n} z_{ij} \tag{10.18}$$

$v = [v_{jk}]_{p \times p}$ 为向量 $z = (z_1, z_2, \mathsf{L}\, z_p)^T$ 的样本协方差阵。

最优权法的基本思想是寻找权向量 w 的最优解，使得在等式 (10.19) 约束之下，样本方差 s^2 达到最大值。

$$\sum_{j=1}^{p} w_j^2 = w^T w = 1 \tag{10.19}$$

即求如下的等式约束极值问题：

$$\max s^2 = w^T v w \quad s.t. \quad w^T w = 1 \tag{10.20}$$

最优权算法步骤总结如下：

（1）对初始决策阵 $X=[x_{ij}]_{n\times p}$ 中元进行如式（10.21）变换，得 $Y=[y_{ij}]_{n\times p}$。

$$y = \begin{cases} x_{ij}, & \text{对正效应指标} \\ -x_{ij}, & \text{对负效应指标} \end{cases} \tag{10.21}$$

（2）对 Y 阵进行规范化的。

（3）按式（10.17）计算 v_{jk}，构建样本协方差阵 $v=[v_{jk}]_{p\times p}$。

（4）计算最大特征值 λ 和最优权向量 w^*。

（5）计算每个评价对象的函数值 u_i，$i=1,2,\text{L},n$。u_i 越大，说明该方案效果越好。

10.7.3 主成分分析法

主成分分析法（PCA）是将众多具有一定相关性的输入指标，重新压缩组合成一组新的互相无关的综合评价指标，即利用少数互不相关的主成分，尽可能多地保留原始指标的信息，代替原指标对方案进行评价。具体运算步骤如下：

（1）采集 p 维随机向量 $x=(x_1,x_2,\text{L},x_p)^T$ 的 n 个样本矩阵 $x_i=(x_{i1},x_{i2},\text{L},x_{ip})^T$，$i=1,2\text{L},n$，$n>p$，构造样本矩阵 X，可表示为：

$$X = \begin{bmatrix} x_1^T \\ x_2^T \\ \text{M} \\ x_n^T \end{bmatrix} = \begin{bmatrix} x_{11},x_{12},\text{L},x_{1p} \\ x_{21},x_{22},\text{L},x_{2p} \\ \text{L} \\ x_{n1},x_{n2},\text{L},x_{np} \end{bmatrix} \tag{10.22}$$

（2）对样本矩阵 X 进行如下变换，得 $Y=[y_{ij}]_{n\times p}$。

$$y_{ij} = \begin{cases} x_{ij}, & \text{对正指标} \\ -x_{ij}, & \text{对负指标} \end{cases} \tag{10.23}$$

（3）对 Y 矩阵中的元素进行标准化变换：

$$z_{ij} = \frac{(y_{ij}-\overline{y}_j)}{s_j} \quad i=1,2\text{L},n \tag{10.24}$$

式中，$\overline{y}_j = \dfrac{\sum\limits_{i=1}^{n} y_{ij}}{n}$，$s_j^2 = \dfrac{\sum\limits_{i=1}^{n} (y_{ij} - \overline{y}_j)^2}{n-1}$，标准化矩阵可表示为：

$$Z = \begin{bmatrix} z_1^T \\ z_2^T \\ M \\ z_n^T \end{bmatrix} = \begin{bmatrix} z_{11}, z_{12}, L, z_{1p} \\ z_{21}, z_{22}, L, z_{2p} \\ L \\ z_{n1}, z_{n2}, L, z_{np} \end{bmatrix} \tag{10.25}$$

(4) 对标准化矩阵 Z 计算相关系数阵：

$$R = [r_{ij}]_{p \times p} = \frac{Z^T Z}{n-1} \tag{10.26}$$

式中，$r_{ij} = \dfrac{\sum\limits_{k=1}^{n} z_{kj} \cdot z_{kj}}{n-1}$。

(5) 解样本相关系数矩阵 R 的特征方程

$$\left| R - \lambda I_p \right| = 0 \tag{10.27}$$

的 p 个特征值：$\lambda_1 \geq \lambda_2 \geq L \geq \lambda_p \geq 0$。

(6) 确定 m 值，使信息的利用率达到 85%以上：

$$\frac{\sum\limits_{j=1}^{m} \lambda_j}{\sum\limits_{j=1}^{p} \lambda_j} \geq 0.85 \tag{10.28}$$

对每个 λ_j，$j = 1, 2 L, m$，解方程组 $Rb = \lambda_j b$，得单位特征向量：

$$b_j^0 = \frac{b_j}{\|b_j\|} \tag{10.29}$$

(7) 求出 $z_i = (z_{i1}, z_{i2}, L, z_{ip})^T$，$m$ 各主成分分量：

$$u_{ij} = z_i^T b_j^0 \quad j = 1, 2 L, m \tag{10.30}$$

主成分决策矩阵：

$$U = \begin{bmatrix} u_1^T \\ u_2^T \\ M \\ u_n^T \end{bmatrix} = \begin{bmatrix} u_{11}, u_{12}, L, u_{1m} \\ u_{21}, u_{22}, L, u_{2m} \\ L \\ u_{n1}, u_{n2}, L, u_{nm} \end{bmatrix} \tag{10.31}$$

式中，u_i为第 i 个样品的主成分向量，$i = 1, 2, L, n$，第 j 个分量 u_{ij} 是向量 z_i 在单位特征向量 b_j^0 上的投影。

（8）利用主成分对不同方案进行排序。

10.7.4 模糊评价法

模糊评价法是在考虑多种因素的影响下，运用模糊数学工具对方案做出综合评价。具体评价步骤如下：

（1）确定评价对象集、因素集和评语集。设对象集为 $O = (o_1, o_2, L, o_l)$，因素集为 $U = \{u_1, u_2, L, u_m\}$，评语集为 $V = \{v_1, v_2, L, v_n\}$。

（2）建立 m 个评价因素的权重分配向量 A。

（3）通过各单因素模糊评价获得模糊综合评价矩阵。

$$R = \begin{bmatrix} R_1 \\ R_2 \\ M \\ R_m \end{bmatrix} = \begin{bmatrix} r_{11}, r_{12}, L\ r_{1n} \\ r_{21}, r_{22}, L\ r_{2n} \\ L \\ r_{m1}, r_{m2}, L\ r_{mn} \end{bmatrix} \tag{10.32}$$

（4）进行复合运算可得到综合评价结果：

$$B = A \cdot R \tag{10.33}$$

（5）计算每个评价对象的综合分值。

10.7.5 层次分析法

层次分析法是对复杂决策问题的本质、影响因素等进行深入分析之后，构建一个层次结构模型，利用较少的定量信息，把决策的思维过程数学化，从而为复杂的决策问题提供一种有效的解决方法。主要设计步骤如下：

（1）确定决策问题的不同情况。

（2）利用层次分析法将决策问题的有关元素分解成目标、准则、方案等层次，并确定每一层元素。

（3）建立判断矩阵。每一层次的因素相对于上一层次某一因素的相对重要性，通过两两比较确定，并构成判断矩阵。记 a_{ij} 为 i 元素比 j 元素的重要性等级，如表 10.7 所示。若 $a_{ij}=\{2, 4, 6, 8, 1/2, 1/4, 1/6, 1/8\}$ 表示重要等级介于 $a_{ij}=\{1, 3, 5, 7, 9, 1/3, 1/5, 1/7, 1/9\}$ 的相应值之间。

表 10.7 重要等级赋值

序号	重要性等级	a_{ij} 赋值
1	i,j 两元素同等重要	1
2	i 元素比 j 元素稍重要	3

续表

序号	重要性等级	a_{ij} 赋值
3	i 元素比 j 元素明显重要	5
4	i 元素比 j 元素强烈重要	7
5	i 元素比 j 元素极端重要	9
6	i 元素比 j 元素稍不重要	1/3
7	i 元素比 j 元素明显不重要	1/5
8	i 元素比 j 元素强烈不重要	1/7
9	i 元素比 j 元素极端不重要	1/9

(4) 为了确保判断矩阵不出现矛盾的情况，需要对判断矩阵进行一致性检验。根据矩阵理论，如果 $\lambda_1, \lambda_2, \mathrm{L}, \lambda_n$ 满足式 $Ax = \lambda x$，即为矩阵 A 的特征根，并且对于所有 $a_{ii}=1$，有：

$$\sum_{i=1}^{n} \lambda_i = n \qquad (10.34)$$

当矩阵具有完全一致性时，$\lambda_1 = \lambda_{\max} = n$，其余特征根均为零；当矩阵不具有完全一致性时，$\lambda_1 = \lambda_{\max} > n$，其余特征根 $\lambda_2, \lambda_3, \mathrm{L}, \lambda_n$ 有如下关系：

$$\sum_{i=2}^{n} \lambda_i = n - \lambda_{\max} \qquad (10.35)$$

实际中，判断矩阵很难保证完全一致性，相应判断矩阵的特征根也将发生变化，可以用判断矩阵特征根的变化来检验判断一致性的程度。引入判断矩阵最大特征根以外的其余特征根的负平均值，作为度量判断矩阵偏离一致性的指标：

$$CI = \frac{\lambda_{\max} - n}{n - 1} \qquad (10.36)$$

检查决策者判断思维的一致性。CI 值越大，表明判断矩阵偏离完全一致性的程度越大；CI 值越小，表明判断矩阵的一致性越好。引入判断矩阵的平均随

机一致性指标值 RI，对于 $1 \sim 9$ 阶判断矩阵，RI 值如表 10.8 所示。

表 10.8 平均随机一致性指标值 RI

1	2	3	4	5	6	7	8	9
0	0	0.58	0.90	1.12	1.24	1.32	1.41	1.45

1、2 阶判断矩阵具有完全一致性。当阶数大于 2 时，判断矩阵的一致性指标 CI 与同阶平均随机一致性指标 RI 之比称为随机一致性比率，记为 CR。当 $CR = \dfrac{CI}{RI} < 0.10$ 时，即认为判断矩阵具有满意的一致性，否则需要调整判断矩阵，使之具有满意的一致性。

（5）利用求根法计算判断矩阵的权重向量。对判断矩阵每行的各因素求几何平均，则：

$$\overline{w_i} = (\prod_{j=1}^{n} a_{ij})^{\frac{1}{n}} \qquad i=1,2,\cdots,n \tag{10.37}$$

对式（10.37）规范化，可得权重值：

$$w_i = \frac{(\prod_{j=1}^{n} a_{ij})^{\frac{1}{n}}}{\sum_{k=1}^{n}(\prod_{j=1}^{n} a_{kj})^{\frac{1}{n}}} \tag{10.38}$$

（6）针对决策问题的方案层各因素进行打分。打分可以采用主观和客观相结合的方式，主观为邀请多位该领域经验丰富的专家打分，客观为统计相关数据。

（7）确定最优决策结果。将打分乘以对应权重再求和，得出决策问题第 i 种情况的最终得分 $\hat{x}_i = \sum_{j=1}^{n} x_i w_j$。得分最高者为最优决策结果。

10.8 权重博弈成分分析

由于影响火灾参量选择的因素需要分层确定，因此本章选择层次分析法进行火灾参量评价。层次分析法中的指标权重对评价结果起着关键性作用。传统确定权重的方法是通过判断矩阵计算得到的，存在过分依赖专家经验的问题。针对这一问题，本文提出了权重博弈成分分析，利用博弈论对判断矩阵得到的权重和结构熵权法得到的权重进行综合，可以提高权重计算结果的可靠性。

10.8.1 结构熵权法

结构熵权法是主观德尔菲法与客观熵值法相结合来确定指标权重的方法。首先，利用德尔菲法对各个层次指标进行重要性排序，并形成排序矩阵；其次，对排序矩阵进行数据隶属度分析，计算平均隶属度；最后，对处理过的数据进行盲度分析和总体认识度的计算，并进行归一化处理，使其具有一致性。通过处理后各指标重要程度的数值反映了它们之间的排序水平，即可得出指标的权重[5][6]。具体步骤如下：

（1）收集专家意见，形成排序矩阵。设有 k 组专家对各项指标进行重要性排序，每组专家均有一个打分指标集，该指标集为 $C=(c_1, c_2, \cdots, c_n)$。指标集对应的排序数组记为 $(a_{i1}, a_{i2}, \cdots, a_{in})$，则可以得到 k 组排序矩阵，记为 $A=(a_{ij})_{k \times n}$，其中 $i=1,2,\mathsf{L},k$，$j=1,2,\mathsf{L},n$，a_{ij} 为第 i 组专家对第 j 个指标 c_j 的评价。

（2）利用熵值法进行盲度分析，计算总体认识度。为了消除专家组在排序过程中产生的不确定性，需要对排序矩阵进行熵值分析，定义转换熵函数为：

$$\mu(I) = \frac{\ln(m-I)}{\ln(m-1)} \tag{10.39}$$

式中，I 为专家组对其中某一项指标评价时给出的重要性排序数值；m 为转换参数数量。令 $m=j+2$，j 为实际最大顺序号，将排序矩阵 A 中各 $I=a_{ij}$ 代入式（10.39）对 a_{ij} 进行定量转化，令 $c(a_{ij})=b_{ij}$，即可得到排序数 I 的隶属度矩阵 $B=\left(b_{ij}\right)_{k \times n}$。

设每组专家对指标 c_j 话语权相同，即"看法一致"，则平均认识度记为 b_j。

$$b_j = \frac{b_{1j} + b_{2j} + \mathsf{L} + b_{kj}}{k} \tag{10.40}$$

定义专家组 i 对指标 c_j 由认知产生的不确定性称为"认识盲度"，记作 Q_j。

$$Q_j = \frac{[\max(b_{1j}, b_{2j}, \mathsf{L}, b_{kj}) - b_j] + [b_j - \min(b_{1j}, b_{2j}, \mathsf{L}, b_{kj})]}{2} \tag{10.41}$$

对于每一个指标 c_j，定义 k 组专家关于 c_j 的总体认识度为 x_j。

$$x_j = b_j(1 - Q_j) \tag{10.42}$$

由 x_j 即得到 k 组专家对指标 c_j 的评价向量 $X=(x_1, x_2, \cdots, x_n)$。

（3）归一化处理，得到指标的综合权重。对评价向量 x 进行归一化处理，令：

$$w_j = \frac{x_j}{\sum\limits_{j=1}^{n} x_j} \tag{10.43}$$

归一化处理后的结果 w_j 就是每项指标结构熵权法算出的权重。

10.8.2 博弈论综合权重算法

博弈论是用来平衡决策主体之间行为的理论，博弈论综合权重算法的基本思想是使各个基本赋权方法得到的权重和最终计算出的综合权重之间的偏差最小化，使得最终的指标权重更加合理[7]。假设使用 L 种方法对 n 个指标的权重进行计算，构成权重集 $u_k=(u_{k1}, u_{k2}, \cdots, u_{kn})$，$k=1, 2, \cdots, L$。将 L 种向量的线性组合记为[8][9]：

$$u = \sum_{k=1}^{L} a_k u_k^T \quad a_k > 0, \quad \sum_{k=1}^{L} a_k = 1 \tag{10.44}$$

式中：a_k 为不同赋权方法的线性组合系数。为了实现可能权重 u 与各基本权重之间的偏差极小化，需要对式（10.44）的线性组合系数进行优化[10]，即：

$$\min \left\| \sum_{k=1}^{L} a_k u_k^T - u_i \right\|_2 \tag{10.45}$$

式中：u_i 表示为第 i 种赋权方法得到的指标权重向量。根据矩阵微分性质，式（10.45）的最优化一阶导数条件可转换为方程组：

$$\begin{bmatrix} u_1 \cdot u_1^T, u_1 \cdot u_2^T, \mathsf{L}, u_1 \cdot u_L^T \\ u_2 \cdot u_1^T, u_2 \cdot u_2^T, \mathsf{L}, u_2 \cdot u_L^T \\ \mathsf{M} \\ u_L \cdot u_1^T, u_L \cdot u_2^T, \mathsf{L}, u_L \cdot u_L^T \end{bmatrix} \begin{bmatrix} a_1 \\ a_2 \\ \mathsf{M} \\ a_L \end{bmatrix} = \begin{bmatrix} u_1 \cdot u_1^T \\ u_2 \cdot u_2^T \\ \mathsf{M} \\ u_L \cdot u_L^T \end{bmatrix} \tag{10.46}$$

可以计算得出 $a_k = (a_1, a_2, \mathsf{L}, a_L)$，进行归一化处理，则：

$$a_k^* = a_k / \sum_{k=1}^{L} a_k \tag{10.47}$$

由博弈论得到的综合权重为：

$$u^* = \sum_{k=1}^{L} a_k^* \cdot u_k^T \tag{10.48}$$

10.8.3 权重博弈成分分析

本章提出的权重博弈成分分析，首先利用层次分析法建立分层指标体系；其次利用判断矩阵计算权重 w，利用结构熵权法计算权重 w；再次利用博弈论对权重 w 和 w 进行综合得到最终权重 w；最后计算各选择方案分值，分值最高者为最优方案。具体流程如图 10.1 所示。

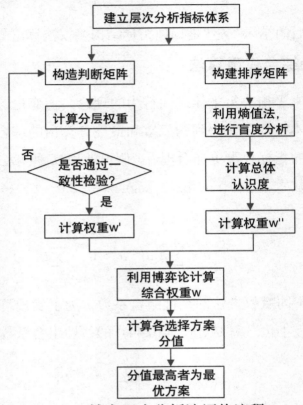

图 10.1 博弈层次分析法评价流程

10.9 基于权重博弈层次分析法的火灾参量评价

10.9.1 构建层次结构模型

本章的决策问题为火灾参量评价，主要可选择方案如下：x_1-烟雾参量；x_2-温度参量；x_3-火焰参量；x_4-CO 浓度参量；x_5-烟雾温度复合参量；x_6-烟雾火焰复合参量；x_7-烟雾 CO 复合参量；x_8-温度火焰复合参量；x_9-温度 CO 复合参量；x_{10}-火焰 CO 复合参量；x_{11}-烟雾、温度、火焰复合参量；x_{12}-烟雾、温度、CO复合参量；x_{13}-烟雾、温度、火焰、CO 复合参量。

利用层次分析法将决策问题的有关元素分解成目标、准则、决策 3 个层次，如图 10.2 所示[11]。目标层为选择有效的火灾参量。准则层为所选择的参量能否有效检测出不同类型火灾、所选择的参量在干扰环境中能否引起误报、实现火灾参量检测的其他条件[12]。针对"所选择的参量能否有效检测出不同类型火灾"这一准则，决策层主要考虑了 7 种欧洲标准火的情况。其中 TF2 和 TF3 火灾参量信号接近，TF4 和 TF5 火灾参量信号接近，定为一种决策。针对"所选择的参量在干扰环境中能否引起误报"这一准则，决策层选择了 5 种典型易发生误报的场所。针对"实现火灾参量检测的其他条件"这一准则，决策层主要考虑了检测设备的经济性和应用性。

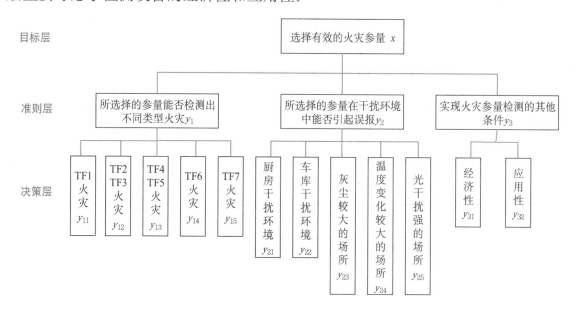

图 10.2　层次结构模型

10.9.2 权重计算

10.9.2.1 基于判断矩阵的权重计算

针对目标层 x 构成判断矩阵 X，如表 10.9；针对准则层 y_1 构成判断矩阵 Y_1，如表 10.10；针对准则层 y_2 构成判断矩阵 Y_2，如表 10.11；针对准则层 y_3 构成判断矩阵 Y_3，如表 10.12。表 10.9~10.12 判断矩阵中的比较值是请 10 位消防领域专家进行座谈，结合近 5 年火灾相关数据和火灾探测实际情况给出的。

表 10.9　判断矩阵 X

x	y_1	y_2	y_3
y_1	1	2	3
y_2	1/2	1	2
y_3	1/3	1/2	1

表 10.10　判断矩阵 Y_1

y_1	y_{11}	y_{12}	y_{13}	y_{14}	y_{15}
y_{11}	1	1/3	1/2	2	1/4
y_{12}	3	1	2	4	1/2
y_{13}	2	1/2	1	3	1/3
y_{14}	1/2	1/4	1/3	1	1/5
y_{15}	4	2	3	5	1

表 10.11　判断矩阵 Y_2

y_2	y_{21}	y_{22}	y_{23}	y_{24}	y_{25}
y_{21}	1	2	1/2	1/3	1/4
y_{22}	1/2	1	1/3	1/4	1/5
y_{23}	2	3	1	1/2	1/3
y_{24}	3	4	2	1	1/2
y_{25}	4	5	3	2	1

表 10.12　判断矩阵 Y_3

y_3	y_{31}	y_{32}
y_{31}	1	1
y_{32}	1	1

可以得到判断矩阵 X 的权重向量 $W_X=(0.539, 0.297, 0.164)$，随机一致性比率 $CR_X=0.0079<0.1$，满足一致性要求；判断矩阵 Y_1 的权重向量 $W_{Y1}=(0.097, 0.263, 0.160, 0.063, 0.417)$，随机一致性比率 $CR_{Y1}=0.0152<0.1$，满足一致性要求；判断矩阵 Y_2 的权重向量 $W_{Y2}=(0.097, 0.063, 0.160, 0.263, 0.417)$，随机一致性比率 $CR_{Y2}=0.0152<0.1$，满足一致性要求；判断矩阵 Y_3 的权重向量 $W_{Y3}=(0.5, 0.5)$，随机一致性比率 $CR_{Y3}=0<0.1$，满足一致性要求。指标权重如表 10.13 所示。

表 10.13　基于判断矩阵的权重

准则层	权重 W_X	决策层	权重 W_Y	指标权重 W_{ij}
所选择的参量能否有效检测出不同类型火灾 y_1	0.539	TF1火灾 y_{11}	0.097	0.0523
		TF2、TF3 火灾 y_{12}	0.263	0.1418
		TF4、TF5 火灾 y_{13}	0.160	0.0862
		TF6 火灾 y_{14}	0.063	0.034

		TF7 火灾 y_{15}	0.417	0.2248
所选择的参量在干扰环境中能否引起误报 y_2	0.297	厨房干扰环境 y_{21}	0.097	0.0288
		车库干扰环境 y_{22}	0.063	0.0187
		灰尘较大的场所 y_{23}	0.160	0.0475
		温度变化较大的场所 y_{24}	0.263	0.0781
		光干扰强的场所 y_{25}	0.417	0.1238
实现火灾参量检测的其他条件 y_3	0.164	经济性 y_{31}	0.5	0.082
		应用性 y_{32}	0.5	0.082

10.9.2.2 基于结构熵权法的权重计算

共邀请 10 名消防领域专家并分成 5 组，各组专家相互独立地对准则层指标和决策层指标分别进行重要性排序。准则层指标重要性排序矩阵为：

$$X = \begin{bmatrix} 1 & 2 & 3 \\ 1 & 2 & 3 \\ 1 & 3 & 2 \\ 1 & 2 & 3 \\ 1 & 2 & 2 \end{bmatrix} \tag{10.49}$$

决策层指标 y_1 重要性排序矩阵为：

$$Y_1 = \begin{bmatrix} 4 & 2 & 3 & 5 & 1 \\ 3 & 1 & 2 & 4 & 1 \\ 3 & 1 & 3 & 4 & 2 \\ 2 & 1 & 3 & 4 & 1 \\ 3 & 2 & 3 & 4 & 1 \end{bmatrix} \tag{10.50}$$

决策层指标 y_2 重要性排序矩阵为：

$$Y_2 = \begin{bmatrix} 4 & 5 & 3 & 2 & 1 \\ 4 & 5 & 3 & 1 & 2 \\ 2 & 3 & 1 & 1 & 1 \\ 3 & 3 & 2 & 1 & 1 \\ 3 & 2 & 1 & 1 & 1 \end{bmatrix} \tag{10.51}$$

决策层指标 y_3 重要性排序矩阵为：

$$Y_3 = \begin{bmatrix} 1 & 1 \\ 1 & 2 \\ 2 & 1 \\ 1 & 1 \\ 1 & 2 \end{bmatrix} \qquad (10.52)$$

利用熵值法进行盲度分析，可得到定量转化矩阵。准则层定量化矩阵为：

$$X^{'} = \begin{bmatrix} 1 & 0.792 & 0.5 \\ 1 & 0.792 & 0.5 \\ 1 & 0.5 & 0.792 \\ 1 & 0.792 & 0.5 \\ 1 & 0.631 & 0.631 \end{bmatrix} \qquad (10.53)$$

决策层指标 y_1 定量化矩阵为：

$$Y_1^{'} = \begin{bmatrix} 0.613 & 0.898 & 0.774 & 0.387 & 1 \\ 0.683 & 1 & 0.861 & 0.431 & 1 \\ 0.683 & 1 & 0.683 & 0.431 & 0.861 \\ 0.861 & 1 & 0.683 & 0.431 & 1 \\ 0.683 & 0.861 & 0.683 & 0.431 & 1 \end{bmatrix} \qquad (10.54)$$

决策层指标 y_2 定量化矩阵为：

$$Y_2^{'} = \begin{bmatrix} 0.613 & 0.387 & 0.774 & 0.898 & 1 \\ 0.613 & 0.387 & 0.774 & 1 & 0.898 \\ 0.792 & 0.5 & 1 & 1 & 1 \\ 0.5 & 0.5 & 0.792 & 1 & 1 \\ 0.5 & 0.792 & 1 & 1 & 1 \end{bmatrix} \qquad (10.55)$$

决策层指标 y_3 定量化矩阵为：

$$Y_3^{'} = \begin{bmatrix} 1 & 1 \\ 1 & 0.631 \\ 0.631 & 1 \\ 1 & 1 \\ 1 & 0.631 \end{bmatrix} \qquad (10.56)$$

根据式 (10.40) 计算平均认识度向量分别为：

$B_X = [1 \quad 0.7014 \quad 0.5846]$

$B_{Y1} = [0.7046 \quad 0.9518 \quad 0.7368 \quad 0.4222 \quad 0.9722]$

$B_{Y2} = [0.6036 \quad 0.5132 \quad 0.868 \quad 0.9796 \quad 0.9796]$

$B_{Y3} = [0.9262 \quad 0.8524]$

根据式（10.42）计算认识盲度向量分别为：

$$Q_X = [0 \quad 0.146 \quad 0.146]$$

$$Q_{Y1} = [0.124 \quad 0.070 \quad 0.089 \quad 0.022 \quad 0.695]$$

$$Q_{Y2} = [0.146 \quad 0.203 \quad 0.113 \quad 0.051 \quad 0.051]$$

$$Q_{Y3} = [0.1845 \quad 0.1845]$$

根据式（10.43）计算 5 组专家的总体认识度向量为：

$$A_X = [0.7014 \quad 0.5990 \quad 0.4992]$$

$$A_{Y1} = [0.6172 \quad 0.8857 \quad 0.6712 \quad 0.4129 \quad 0.9046]$$

$$A_{Y2} = [0.5155 \quad 0.4093 \quad 0.7699 \quad 0.9296 \quad 0.9296]$$

$$A_{Y3} = [0.7553 \quad 0.6951]$$

根据式（10.44）进行归一化处理，得到指标的综合权重向量为：

$$W_X = [0.3898 \quad 0.3328 \quad 0.2774]$$

$$W_{Y1} = [0.1768 \quad 0.2536 \quad 0.1922 \quad 0.1183 \quad 0.2591]$$

$$W_{Y2} = [0.1450 \quad 0.1152 \quad 0.2166 \quad 0.2616 \quad 0.2616]$$

$$W_{Y3} = [0.5207 \quad 0.4793]$$

基于结构熵权法的权重如表 10.14 所示。

表 10.14　基于结构熵权法的权重

准则层	权重 W_X	决策层	权重 W_Y	指标权重 W_{ij}
所选择的参量能否有效检测出不同类型火灾 y_1	0.3898	TF1火灾 y_{11}	0.1768	0.0689
		TF2、TF3 火灾 y_{12}	0.2536	0.0989
		TF4、TF5 火灾 y_{13}	0.1922	0.0749
		TF6 火灾 y_{14}	0.1183	0.0461
		TF7 火灾 y_{15}	0.2591	0.101
所选择的参量在干扰环境中能否引起误报 y_2	0.3328	厨房干扰环境 y_{21}	0.1450	0.0482
		车库干扰环境 y_{22}	0.1152	0.0383
		灰尘较大的场所 y_{23}	0.2166	0.0721

		温度变化较大的场所 y_{24}	0.2616	0.0871
		光干扰强的场所 y_{25}	0.2616	0.0871
实现火灾参量检测的其他条件 y_3	0.2774	经济性 y_{31}	0.5207	0.1444
		应用性 y_{32}	0.4793	0.133

10.9.2.3 基于博弈论的综合权重计算

根据式（10.45）~式（10.48）计算得到线性组合系数向量为：

$$a = [0.9539 \quad 0.0461]$$

基于博弈论的综合权重计算结果如表 10.15 所示。

表 10.15　基于博弈论的综合权重

指标	y_{11}	y_{12}	y_{13}	y_{14}	y_{15}	y_{21}	y_{22}	y_{23}	y_{24}	y_{25}	y_{31}	y_{32}
权重	0.0531	0.1398	0.0857	0.0346	0.2191	0.0297	0.0196	0.0486	0.0785	0.1221	0.0849	0.0844

10.9.3 火灾参量综合评价

邀请 10 位消防领域专家根据标准火实验数据、干扰场所误报数据和火灾检测设备市场调研情况，针对方案层各因素对火灾不同参量或参量组合 x_i 进行打分。满分为 10 分，y_{11}~y_{15} 根据检测相应类型火灾的有效性打分，y_{21}~y_{25} 根据相应环境的抗干扰性打分，y_{31}~y_{32} 根据检测时设备价格和是否容易实现打分。然后将打分乘以对应权重再求和，得出参量或参量组合的最终得分如表 10.16 所示。

表 10.16　火灾参量评分

评分	y_{11}	y_{12}	y_{13}	y_{14}	y_{15}	y_{21}	y_{22}	y_{23}	y_{24}	y_{25}	y_{31}	y_{32}	$\hat{x}_i$
x_1	4	9	8	1	9	4	9	5	9	9	10	10	8.1993
x_2	5	1	4	8	1	7	8	9	4	9	10	10	5.152
x_3	8	1	1	7	1	6	7	6	9	4	6	8	4.0981
x_4	5	8	6	6	8	9	5	9	9	9	8	9	7.9054
x_5	9	9	8	6	9	7	9	9	9	9	9	9	8.6619
x_6	9	9	8	7	9	6	9	6	9	9	5	7	8.1027
x_7	6	10	9	6	10	9	9	9	9	9	7	8	8.8425

x_8	9	1	4	9	1	7	8	9	9	9	5	7	5.1138
x_9	7	8	7	9	8	9	8	9	9	9	7	8	8.0906
x_{10}	9	8	6	8	8	9	7	9	9	9	4	6	7.6334
x_{11}	9	9	8	9	9	8	9	9	10	9	3	6	8.2014
x_{12}	8	10	10	9	10	10	10	10	10	10	7	7	9.3523
x_{13}	10	10	10	10	10	10	10	10	10	10	2	5	8.8998

根据综合评分，火灾参量选择排序为 $x_{12}>x_{13}>x_7>x_5>x_{11}>x_1>x_6>x_9>x_4>x_{10}>x_2>x_8>x_3$。可以看出 x_{12}-烟雾、温度、CO 复合参量综合评分最高，单参量中 x_1-烟雾参量评分最高。所以本章选择了烟雾浓度、温度和 CO 浓度 3 种参量信号组合实现火灾检测，这 3 种火灾参量可以实现优势互补，有效识别不同类型火灾，并且不易受环境干扰。

10.10 本章小结

发生电弧故障并引燃不同可燃物质而发生火灾时，会伴随着产生烟雾、高温、火焰和燃烧气体等火灾特征参量。不同可燃物质燃烧或相同物质燃烧而环境条件不同时，产生的火灾特征参量均会有所不同。火灾参量的选择是实现火灾准确检测的基础，本章的主要工作包括以下几个方面：

（1）发生电弧故障时，经常会引燃不同可燃物质而发生火灾，同时伴随着产生烟雾、高温、火焰和燃烧气体等火灾特征参量，本章首先对这些火灾参量进行介绍与分析。

（2）介绍了 8 种标准试验火，并对标准火和典型干扰环境条件下的火灾参量进行分析。其中，TF2 和 TF3 属于阴燃火，均是烟雾信号和 CO 浓度信号明显增加，温度信号变化很小。TF4 和 TF5 同属于明火，起火后烟雾与 CO 气体浓度信号均快速增加，温度也逐渐升高。典型干扰环境选择了厨房非火灾条件作为例子进行说明，烟雾信号增加最明显，温度信号有小幅增加，CO 气体浓度基本不变、接近于零。

（3）提出了基于权重博弈层次分析的火灾参量评价方法。层次分析法中的指标权重对评价结果起着关键性作用。传统确定权重的方法是通过判断矩阵计算得到的，存在过分依赖专家经验的问题。针对这一问题，本文提出了权重博弈成分分析，利用博弈论对判断矩阵得到的权重和结构熵权法得到的权重进行综合，可以提高权重计算结果的可靠性，从而提高了火灾参量评价的准确性。

（4）烟雾浓度、温度、CO 浓度复合参量的综合评分最高，所以本书选择了该复合信号实现检测火灾，这 3 种火灾参量可以实现优势互补，有效识别不同类型火灾，并且不易受环境干扰。

10.11 参考文献

[1] 吴龙标, 袁宏永, 疏学明. 火灾探测与控制工程[M]. 合肥: 中国科学技术大学出版社, 2013, 87-91.

[2] 廖晓思. 光谱分析系统[D]. 西安: 西安电子科技大学, 2009.

[3] M A Jackson, I Robins. Gas sensing for fire detection; measurements of CO, CO$_2$, H$_2$, O$_2$ and smoke density in European standard fire tests[J]. Fire safety journal, 1994, 22: 180-205.

[4] 秦寿康. 综合评价原理与应用[M]. 电子工业出版社, 2003.

[5] 杨斯玲, 黄和平, 刘伟等. 基于结构熵权和修正证据理论的装配式建筑施工安全风险评价[J]. 安全与环境工程, 2019, 26(6): 143-149.

[6] 崔庆飞. 基于 AHP 和结构熵权的公共建筑绿色评价研究[D]. 邯郸: 河北工程大学, 2015.

[7] 张淑林, 粟晓玲. 博弈论与 DS 证据理论耦合的黄河流域水资源配置方案评价[J]. 西北农林科技大学学报(自然科学版), 2019, 47(11): 123-133.

[8] 刘东, 龚方华, 付强等. 基于博弈论赋权的灌溉用水效率 GRA-TOPSIS 评价模型[J]. 农业机械学报, 2017, 48(5): 218-226.

[9] 郭燕红, 邵东国, 刘玉龙等. 工程建设效果后评价博弈论集对分析模型的建立与应用[J]. 农业工程学报, 2015, 31(9): 5-12.

[10] 甘蓉, 宣昊, 刘国东, 等. 基于博弈论综合权重的物元可拓模型在地下水质量评价中的应用[J]. 水电能源科学, 2015, 33(1): 39-42+90.

[11] 李勇, 何蕾, 庞传军, 等. 基于层次分析法的火电厂运行情况量化评价方法[J]. 电网技术, 2015, 39(2):500-504.

[12] 邓理文, 刘晓军. 基于模糊神经网络的智能火灾探测方法研究[J]. 消防科学与技术, 2019, 38(4):522-525.

第 11 章　基于模糊可变窗和稀疏表示的多参量火灾检测

11.1 引言

发生火灾时，烟雾浓度、温度、CO 浓度等参量信号具有以下特征：①参量信号的幅值会产生明显的上升趋势；②参量信号变化趋势会持续一段时间，而不是受到干扰时发生的瞬时脉冲；③参量信号的幅值具有一定的变化速度。本章首先针对火灾参量信号的发展趋势、变化速度和持续时间等特点，提出了模糊可变窗方法实现火灾参量信号的特征提取。模糊可变窗算法是利用模糊理论对可变窗相对趋势值、斜率值和信号累加值进行推理，得到应用于火灾检测模型的特征样本数据。然后利用稀疏表示算法建立火灾检测模型，采用过完备火灾参量样本字典，并分别利用 L_1 范数、$L_{3/4}$ 范数、$L_{1/2}$ 范数、$L_{1/4}$ 范数求方程稀疏解的方法进行火灾测试样本线性表示，从而找到适合于火灾检测的范数类型为 L_1 范数和 $L_{3/4}$ 范数。在权重系数和法、最小残差法的基础上，提出了综合分类法进行数据样本分类。仿真结果说明，基于 $L_{3/4}$ 范数和综合分类的稀疏表示方法进行火灾检测时准确率最高。

11.2 火灾参量信号特征提取算法

火灾参量信号分析与特征提取常用的算法主要有信号累加算法、趋势算法、斜率算法和趋势持续算法等[1]。

11.2.1 信号累加算法

信号累加算法是计算火灾参量信号值在 Δt（$\Delta t = t_b - t_a$）段时间内的累加和，体现了火灾信号在第 n 段时间的强度（n 为正整数），如式（11.1）。

$$s(n) = \sum_{i=t_{na}}^{t_{nb}} x_i \tag{11.1}$$

11.2.2 趋势算法

描述火灾参量信号发展趋势的算法称为趋势算法，如式（11.2）。

$$y(n) = \sum_{i=0}^{N-1} \sum_{j=i}^{N-1} u[x(n-i) - x(n-j)]$$

$$= u[x(n) - x(n)] + u[x(n) - x(n-1)] + u[x(n) - x(n-N+1)] +$$
$$+u[x(n-1) - x(n-1)] + u[x(n-1) - x(n-2)] + \quad +u[x(n-1) - x(n-N+1)]$$
$$+ \quad +u[x(n-N+1) - x(n-N+1)]$$

$$(11.2)$$

式（11.2）中，n 是离散时间变量；N 是用于观测数据的窗长，是影响趋势计算的重要参数，短窗长可以缩短计算时间，具有较高的灵敏度，但容易受到干扰信号的影响引起误报；长窗长能够平滑噪声的影响，但计算时间变长，导致响应迟钝引起漏报。$u(x)$ 为单位阶跃函数，如式（11.3）。

$$u(x) = \begin{cases} 1, & x \geq 0 \\ 0, & x < 0 \end{cases} \tag{11.3}$$

式（11.2）中，当 $i=0$ 时，有 N 项 $u(x)$ 求和；当 $i=1$ 时，有 $N-1$ 项 $u(x)$ 求和；…；当 $i=N\text{-}1$ 时，有 1 项 $u(x)$。因此对于窗长为 N 的趋势值，共有 $N(N+1)/2$ 项的 $u(x)$ 求和。若每一项的 $u(x)$ 函数值均等于 1，则可以得到 $y(n)$ 的最大值，即 $N(N+1)/2$。由此定义相对趋势值 τ，如式（11.4）。

$$\tau(n) = \frac{\text{实际值}}{\text{最大值}} = \frac{y(n)}{N(N+1)/2} \tag{11.4}$$

相对趋势值 τ 为 0~1 之间的数值，表征火灾参量在某段窗长时间的相对发展趋势，可以作为火灾检测模型的输入值。趋势算法对信号幅值增加或减小的变化较为敏感，但无法确定信号趋势变化的速度。例如，发生聚氨酯塑料火时，烟雾和 CO 气体信号均急剧增大，接近阶跃信号。而趋势算法只能获得一段长时间的增长趋势，不能体现信号变化的速度信息。

11.2.3 斜率算法

无火灾情况下的烟雾、温度和 CO 气体等参量信号一般为稳态值，即使受到干扰也会在稳态值附近波动。假设输入信号为 $x(n)$，稳态值为 RW，定义信号 $x(n)$ 与稳态值 RW 的相对差值函数 $d(n)$ 为：

$$d(n) = \frac{x(n) - RW}{RW} \tag{11.5}$$

实际运用中，为了补偿环境变化导致的信号稳态值的变化，常对信号在较长时间段上求平均值作为其稳态值。例如，每隔 1 秒采集一次参量信号，一天内采集的数据平均值作为稳态值，即 24×60×60=86400 个参量数据的平均值，如式（11.6）。

$$RW(n) = \frac{1}{86400} \sum_{i=1}^{86400} x(i)$$

(11.6)

式（11.6）中的 $k(n_1, n_2)$ 值表征了参量信号 $x(n)$ 在离散时间段（n_1-n_2）的斜率。

$$k(n_1, n_2) = \frac{d(n_2) - d(n_1)}{n_2 - n_1}$$

(11.7)

为了抑制噪声等干扰对信号斜率计算的影响，引入一个累加函数 $a(n)$，如式（11.8）。

$$a(n) = \begin{cases} [a(n-1)+1]u(d(n-1)-s_g), & s_g > 0 \\ [a(n-1)+1]u(s_g - d(n-1)), & s_g < 0 \end{cases}$$

(11.8)

式（11.8）中，$u(x)$ 为单位阶跃函数。s_g 为预设的阈值，当 $s_g>0$ 时，只有由信号幅值与其稳态值 RW 算得的差值函数 $d(n)$ 大于 s_g 才进行累加运算，否则累加函数 $a(n)$ 归零；当差值函数 $d(n)$ 再次超过 s_g 时，再次开始累加。$s_g<0$ 时，只有由信号幅值与其稳态值 RW 算得的差值函数 $d(n)$ 小于 s_g 才进行累加运算，否则累加函数 $a(n)$ 归零；当差值函数 $d(n)$ 再次小于 s_g 时，再次开始累加。

定义信号的斜率函数如式（11.9）。

$$g(n) = d(n)\delta(a(n) - N)$$

(11.9)

式（11.9）中，N 为由斜率计算区间长度决定的常数；$\delta(x)$ 为单位脉冲函数，如式（11.10）。

$$\delta(x) = \begin{cases} 1, & x = 0 \\ 0, & x \neq 0 \end{cases}$$

(11.10)

只有当信号连续向一个方向变化时，函数 $a(n)$ 值才能累加到 N，进而计算该时刻的信号变化斜率值。这样算法通过引入累加函数 $a(n)$ 与参数 N，保证了每次斜率计算区间的准确。参数 N 值的大小影响了信号响应的灵敏度。

11.2.4 趋势持续算法

火灾发生时，火灾特征参量信号具有明显的变化趋势，且这些变化趋势会持续一段较长的时间，而各种环境或人为干扰引起的信号变化趋势只会持续较短的时间。信号变化的相对持续性是火灾参量的另一个特征，因此将信号变化的趋势特征和持续时间特征进行综合构建趋势持续算法。首先采用趋势算法对趋势值进行计算，然后通过累加函数 $k(n)$ 计算所得信号相对趋势值超过某一设定阈值的持续时间，如式 (11.11)。

$$k(n) = \begin{cases} [k(n-1)+1]u(\tau(n-1)-s_c), & s_c > 0 \\ [k(n-1)+1]u(s_c - \tau(n-1)), & s_c < 0 \end{cases} \qquad (11.11)$$

式 (11.11) 中，s_c 是信号相对趋势值的阈值，$u(x)$ 是单位阶跃函数。对超过趋势阈值那部分的相对趋势值进行累加求和，则趋势持续输出值如式 (11.12)。

$$y(n) = C \cdot u[k(n)-N_t] \cdot \sum_{i=0}^{N-1} w(n,i)[\tau(n-i)-s_c]u[\tau(n-i)-s_c] \qquad (11.12)$$

式 (11.12) 中，C 为常数参量，$w(n,i)$ 为加权函数，N_t 为趋势持续阈值。N_t 保证只有当趋势变化持续 N_t 时间以上才进行火灾持续量的计算；若持续时间无法达到 N_t，即 $k(n) < N_t$，表示信号具有的正或负向变化趋势时间太短，所以输出 $y(n)=0$。这样在一定程度上可避免环境中短时干扰脉冲引起的误报。

若取加权函数 $w(n,i)=1$，则趋势持续算法具有简便的递归计算方法，如式 (11.13)。

$$y(n) = \begin{cases} [y(n-1)+(\tau(n)-s_c)]u(k(n)-N_t), & 正趋势 \\ [y(n-1)+(s_c-\tau(n))]u(N_t-k(n)), & 负趋势 \end{cases} \qquad (11.13)$$

趋势持续算法综合了趋势和时间持续两种特征，从而更加准确地反映了火灾特征。

11.3 基于模糊可变窗方法的火灾参量信号特征提取

针对火灾参量信号的发展趋势、变化速度和持续时间等特点，本章提出了模糊可变窗方法实现火灾参量数据样本的特征提取。火灾参量数据样本包括易燃、明火和干扰 3 种类型的烟雾浓度、温度、CO 浓度数据。模糊可变窗算法是利用模糊理论对可变窗相对趋势值、斜率值和信号累加值进行推理，得到应用于火灾检测模型的特征样本数据。

11.3.1 可变窗相对趋势值

为了实现趋势算法中所用窗长 N 随信号的不同变化特征而相应变化，将其分成两部分。其中一部分取固定的较小的窗长 N，以便快速检测到信号；另一部分为变化值，随信号趋势而逐渐增大，如果增大后的长窗计算仍有较大的趋势值，则说明趋势变化确实明显，短时干扰可以被长窗平滑掉。为使窗长能自动变化，引入累加函数 $k(n)$，如式（11.14）。

$$k(n+1) = \begin{cases} [k(n)+1]u(y(n)-s_t), & s_t > 0 \\ [k(n)+1]u(s_t-y(n)), & s_t < 0 \end{cases} \tag{11.14}$$

式中，s_t 为设定阈值；$u(x)$ 为单位阶跃函数。趋势计算总的窗长为：

$$N' = N + k(n) \tag{11.15}$$

则以 N' 为窗长的计算公式定义为：

$$y(n) = \sum_{i=0}^{N+k(n-1)-2} \sum_{j=i}^{N+k(n-1)-1} \text{sgn}2[\text{sgn}1(x(n-i)-x(n-j)) + \text{sgn}1(x(n-j)-RW)]$$

$$\tag{11.16}$$

其中，$\text{sgn}1(x)$ 和 $\text{sgn}2(x)$ 如式（11.17）和（11.18）。

$$\text{sgn}1(x) = \begin{cases} 1, & x > S \\ 0, & -S \le x \le S \\ -1, & x < -S \end{cases} \tag{11.17}$$

$$\text{sgn}2(x) = \begin{cases} 1, & x > 1 \\ 0, & -1 \le x \le 1 \\ -1, & x < -1 \end{cases} \tag{11.18}$$

式（11.17）中，S 为趋势判断的转折门限。$\text{sgn}2(x)$ 是 $\text{sgn}1(x)$ 在 $S=1$ 时的特例。函数 $\text{sgn}2(x)$ 主要用于判断信号值与稳态值 RW 的相对大小，即处于其正上方或正下方。引入信号的稳态值不仅可以比较信号值前后时刻之间的大小，而且还可以考虑信号值大于还是小于稳态值。式（11.16）中，函数 $\text{sgn}2(x)$ 内变量值计算包括两部分。第一部分 $\text{sgn}1(x(n-i)-x(n-j))$ 类似于前面所介绍的趋势算法，只是这里所用的符号函数的转折门限为 S 而不是 0；第二部分 $\text{sgn}1(x(n-j)-RW)$ 的作用是判断 $x(n)$ 与稳态值 RW 之间的大小关系。只有不等式 $x(n-i)-x(n-j) > S$ 和 $x(n-j)-RW > S$ 同时满足时，$\text{sgn}2(x)$ 才输出 1，表示信号在稳态值上方的正向变化趋势。只有不等式 $x(n-i)-x(n-j) < -S$ 和 $x(n-j)-RW < -S$ 同时满足时，$\text{sgn}2(x)$ 才输出 -1，表示信号在稳态值下方的负向变化趋势。其他情况输出为 0，不予响应。

式（11.16）中，当趋势值 $y(n)$ 小于设定阈值 s_t 时，$k(n)=0$；趋势值一旦增加超过设定门限，$k(n)$则逐步增加，即窗长逐渐增加。若趋势值超过设定阈值是由于环境噪声引起的，则窗长的增加能够将这种短暂的尖峰干扰信号剔除，从而避免误报的发生；若是趋势值的增加是由于真实火灾信号引起，则即使窗长增加，信号的趋势值依然保持一定的大小。

可变窗相对趋势值计算如式（11.19）。

$$\tau'(n) = \frac{y(n)}{N(N-1)/2 + Nk(n-1) + k(n-1)(k(n-1)-1)/2} \tag{11.19}$$

11.3.2 模糊理论

模糊理论是对传统集合理论的一种推广。在传统集合理论中，一个元素与一个集合的关系只有两种情况：属于或不属于。但是对于模糊集来说，每一个元素都是以一定的程度属于某个集合，也可以同时以不同的程度属于几个集合。这种元素属于一个集合的程度被称为隶属度，通过隶属函数计算得到。

隶属函数是表示一个元素 x 隶属于集合 A 的程度的函数，通常记为 $\mu_A(x)$，其自变量范围是所有可能属于集合 A 的对象，取值范围是[0,1]，即 $0 \le \mu_A(x) \le 1$。$\mu_A(x) = 1$ 表示 x 完全属于集合 A，相当于传统集合概念上的 $x \in A$；而 $\mu_A(x) = 0$ 表示 x 完全不属于集合 A，相当于传统集合概念上的 $x \notin A$。定义在空间 $X = \{x\}$ 上的一个模糊子集 A，对于有限个对象 $x_1, x_2, \cdots, x_n$，模糊集合 A 可以表示为 $A = \{\mu_A(x), x_i\}$。常用隶属函数有以下几种。

（1）三角隶属函数：

$$\mu_A(x) = \begin{cases} 0, & x < a \\ \dfrac{x-a}{\beta-a}, & a \le x \le \beta \\ \dfrac{\gamma-x}{\gamma-\beta}, & \beta < x \le \gamma \\ 0, & \gamma < x \end{cases} \tag{11.20}$$

（2）高斯隶属函数：

$$\mu_A(x) = e^{-k(x-a)^2} \tag{11.21}$$

式中，k（$k>0$）决定了曲线的宽度，a 决定了曲线的中心。

（3）柯西隶属函数：

$$\mu_A(x) = \frac{1}{1 + a(x-a)^\beta} \tag{11.22}$$

式中，$a > 0$，β 为正偶数。

（4）梯形隶属函数：

$$\mu_A(x) = \begin{cases} 0, & x < a \\ \dfrac{x-a}{b-a}, & a \le x < b \\ 1, & b \le x \le c \\ \dfrac{d-x}{d-c}, & c < x \le d \\ 0, & x > d \end{cases} \qquad (11.23)$$

（5）岭形隶属函数：

$$\mu_A(x) = \begin{cases} 0, & x < a \\ \dfrac{1}{2} + \dfrac{1}{2}\sin[\dfrac{\pi}{b-a}(x+\dfrac{a+b}{2})], & a \le x < b \\ 1, & b \le x \le c \\ \dfrac{1}{2} - \dfrac{1}{2}\sin[\dfrac{\pi}{d-c}(x+\dfrac{d+c}{2})], & c < x \le d \\ 0, & x > d \end{cases} \qquad (11.24)$$

对于定义在同一空间 $X=[x]$ 上的两个模糊集 A 和 B，最基本的运算如下：

（1）并：模糊集 A 和 B 的并集 $C = A \cup B$ 的隶属度函数定义为：

$$\mu_C(x) = \max\{\mu_A(x), \mu_B(x)\} \qquad (11.25)$$

（2）交：模糊集 A 和 B 的交集 $C = A \cap B$ 的隶属度函数定义为：

$$\mu_C(x) = \min\{\mu_A(x), \mu_B(x)\} \qquad (11.26)$$

（3）补：模糊集 A 和补集 $C = A'$ 的隶属度函数定义为：

$$\mu_C(x) = 1 - \mu_A(x) \qquad (11.27)$$

在这些定义中，$\max\{\}$ 和 $\min\{\}$ 分别表示在两个值中取最大和最小。模糊推理就是建立在模糊集的概念和相关运算基础之上。

11.3.3 火灾参量信号特征提取

本章综合考虑火灾参量信号的趋势、斜率和持续时间的特点，利用模糊理论对可变窗相对趋势值、斜率值和信号累加值进行推理，得到应用于火灾检测模型的特征样本数据。具体步骤如下：

（1）输入输出变量模糊化

输入量为火灾信号的可变窗相对趋势值、斜率值和信号累加值，输出为火灾参量信号的特征值，其值均已归一化在[0，1]区间。根据火灾参量信号特点，将输入信号和输出信号的等级均模糊化为五级，语言变量取值为：正大（PB）、正小（PS）、零（ZO）、负小（NS）、负大（NB）[2][3]。相对趋势值的正大和正小代表火灾参量信号具有增加趋势的大小；负大和负小代表火灾参量信号具有减小趋势的大小；零级代表火灾参量信号的趋势不变。斜率值的正大和正小代表火灾参量信号具有增加速度的快慢；负大和负小代表火灾参量信号具有减小速度的快慢；零级代表火灾参量信号的不变。累加值的正大和正小代表火灾参量信号值在 Δt 段时间内的累加和高于稳态值累加和的多少；负大和负小代表火灾参量信号值在 Δt 段时间内的累加和低于稳态值累加和的多少；零级代表在 Δt 段时间内火灾参量信号值累加和等于稳态值累加和。

(2) 隶属函数

经过对火灾参量信号的仿真实验与分析，选择了三角隶属函数，如图 11.1 所示。

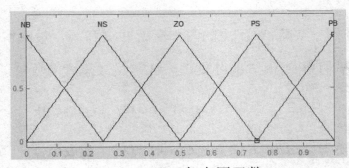

图 11.1　三角隶属函数

(3) 建立模糊规则表

模糊系统是利用模糊规则进行信息处理的，因此模糊规则是模糊系统的核心，它的正确与否直接影响到模糊系统的性能。模糊规则一般以"IF…THEN…"的形式出现，IF 后面是条件，由与（AND），或（OR）运算组成；THEN 后面是相应条件的结果。例如，IF（相对趋势值为 PS）AND（斜率值为 PS）AND（累加值为 PB）THEN（火灾特征值为 PB）。制定控制规则时应注意系统实际以及现场经验的总结，控制规则是经过合并以及矛盾删除等提炼处理后得到的，本系统最终确定的控制规则为 46 条。

(4) 输出结果

根据模糊规则，给定可变窗相对趋势值、斜率值和信号累加值 3 个输入值就可以得到对应的火灾特征输出值，仿真结果如图 11.2 所示。

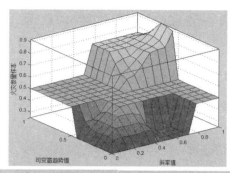

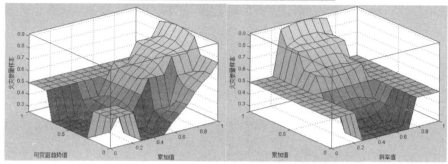

图 11.2 模糊可变窗算法仿真结果

11.4 基于稀疏表示的火灾检测

利用稀疏表示算法建立火灾检测模型，采用过完备火灾参量样本字典，并分别利用 L_1 范数、$L_{3/4}$ 范数、$L_{1/2}$ 范数、$L_{1/4}$ 范数求方程稀疏解的方法进行火灾测试样本线性表示，从而找到适合于火灾检测的范数类型为 L_1 范数和 $L_{3/4}$ 范数。在权重系数和法、最小残差法的基础上，提出了综合分类法进行数据样本分类。

11.4.1 过完备字典设计

基于稀疏表示的火灾检测模型采用过完备字典设计，假设待检测类别有 m 类，每类有 n 个训练样本。用 D_i 表示第 i 类训练样本数据，n 个列向量构成一个空间，表示第 i 类检测结果，则 m 个种类的训练样本组成的数据字典矩阵为 $D=[D_1 \ D_2 \ D_3 \ \cdots \ D_m]$，矩阵 D 的行数是描述样本特征的个数，由于采用烟雾浓度、温度和 CO 浓度 3 种火灾参量，所以行数为 3。具体数值为烟雾浓度、温度和 CO 浓度信号经过模糊可变窗算法处理后得到的特征值；样本类型选择明火、阴燃火、干扰 3 种，每种样本选取 20 组数据，共 60 组数据。字典矩阵 D 的列数为三类训练样本的总数，即共有 60 列，将特征向量排列起来，构成训练样本矩阵如式（11.28）所示。

$$D = [f_1^1 \cdots f_{20}^1 f_1^2 \cdots f_{20}^2 f_1^3 \cdots f_{20}^3] = [D^1 \quad D^2 \quad D^3] \tag{11.28}$$

式中，$\boldsymbol{D}^1$ 表示明火类型的训练样本基矩阵，$\boldsymbol{D}^2$ 表示阴燃火类型的训练样本基矩阵，$\boldsymbol{D}^3$ 表示干扰类型的训练样本基矩阵，f_j^i 为第 i 类探测结果的第 j 个训练样本的特征向量。矩阵 $\boldsymbol{D}$ 为3种特征数据字典，其大小为3×60。

11.4.2 不同类型范数求稀疏解

基于 L_p 范数正则化的稀疏表示模型中，正则化阶次 $p \le 1$ 时会得到稀疏解，最常用的是 $p=1$，但并不适合所有数据样本。本章在此基础上选取 $p=1$，3/4，1/2，1/4，以找到适合于火灾检测的范数类型。

11.4.2.1 L_1 范数求解

通过 L_1 范数来求稀疏解，如式（11.29）所示[4]-[8]。

$$\hat{x}_{L_1} = \arg\min_x \|x\|_1 \quad s.t. \quad \|y - \boldsymbol{D}x\|_2^2 \le \varepsilon \tag{11.29}$$

由式（11.29）可以得到式（11.30）。

$$\hat{x}_{L_1} = \arg\min_x \left\{ \frac{1}{n} \sum_{i=1}^n (Y_i - \boldsymbol{D}_i x)^2 + \lambda \sum_{i=1}^p |x_i| \right\} \tag{11.30}$$

式中，Y_i 表示第 i 类测试样本，λ 为正则化参数，P 为每一类样本的数量。x_i 为每类样本的第 i 个数据。

11.4.2.2 $L_{3/4}$ 范数求解

利用 $L_{3/4}$ 范数求解，如式（11.31）和式（11.32）所示。

$$\hat{x}_{L_{\frac{3}{4}}} = \arg\min_x \|x\|_{\frac{3}{4}} \quad s.t. \quad \|y - \boldsymbol{D}x\|_2^2 \le \varepsilon \tag{11.31}$$

$$\hat{x}_{L_{\frac{3}{4}}} = \arg\min_x \left\{ \frac{1}{n} \sum_{i=1}^n (Y_i - \boldsymbol{D}_i x)^2 + \lambda \sum_{i=1}^p |x_i|^{\frac{3}{4}} \right\} \tag{11.32}$$

11.4.2.3 $L_{1/2}$ 范数求解

利用 $L_{1/2}$ 范数求稀疏解，如式（11.33）和式（11.34）所示[9][10]。

$$\hat{x}_{L_{\frac{1}{2}}} = \arg\min_x \|x\|_{\frac{1}{2}} \quad s.t. \quad \|y - \boldsymbol{D}x\|_2^2 \le \varepsilon \tag{11.33}$$

$$\hat{x}_{L_{\frac{1}{2}}} = \arg\min_x \left\{ \frac{1}{n} \sum_{i=1}^n (Y_i - \boldsymbol{D}_i x)^2 + \lambda \sum_{i=1}^p |x_i|^{\frac{1}{2}} \right\} \tag{11.34}$$

11.4.2.4 $L_{1/4}$ 范数求解

利用 $L_{1/4}$ 范数求解，如式（11.35）和式（11.36）所示。

$$\hat{x}_{L\frac{1}{4}} = \arg\min_{x} \|x\|_{\frac{1}{4}} \quad s.t. \quad \|y - Dx\|_2^2 \le \varepsilon \tag{11.35}$$

$$\hat{x}_{L\frac{1}{4}} = \arg\min_{x} \{\frac{1}{n}\sum_{i=1}^{n}(Y_i - D_i x)^2 + \lambda\sum_{i=1}^{p}|x_i|^{\frac{1}{4}}\} \tag{11.36}$$

11.4.3 综合分类法

在稀疏表示算法中，采用的分类判据主要有最小残差分类法和权重系数分类法，本章综合二者的优点提出了综合分类法。

最小残差法是根据残差最小值判断测试样本所属类别。用 $\hat{x}$ 表示 y 在字典 D 上第 i 类的投影系数。当判别 y 为第 i 类时，用 $\hat{y}_i = D\hat{x}$ 近似 y。$\hat{y}_i$ 与 y 距离（残差）越小，$\hat{y}_i$ 属于第 i 类的可能性越大，如式（11.37）所示。

$$r_i(y) = \min_{i}(\|y - D\hat{x}\|_2) \tag{11.37}$$

权重系数法是根据投影系数和的最大值判断测试样本所属类别。设所求的稀疏表示系数为 $\hat{x} = (a_{11}, \ldots, a_{1m_1}, \ldots, a_{C1}, \ldots, a_{Cn_C})^T$，测试样本 y 在第 i 类第 j 个训练样本上投影的系数为 a_{ij}。如果 i 类权重系数和比其他类权重系数和大，则测试样本 y 属于第 i 类，如式（11.38）所示[11][12]。

$$r_i(a) = \max_{i}\sum_{j=1}^{n_i}a_{ij} \tag{11.38}$$

本章在最小残差法和权重系数法基础上提出了综合分类法。最小残差分类法根据投影系数最大值所在的类别确定分类结果，权重系数分类法根据每类投影的系数和最大值确定分类结果。综合分类法首先判断最小残差所属类别与最大权重和所属类别是否一致，如果判断一致则直接得到分类识别结果。如果不一致，则利用式（11.39）求得残差相对差值 d_1，利用式（11.40）求得权重和相对差值 d_2。如果 $d_1 > d_2$，则取最小残差法的分类结果；如果 $d_2 > d_1$，则取权重系数和法的分类结果。即选取残差分类法和权重和分类法中的更优分类结果[13]。

$$d_1 = \frac{r_j(y) - r_i(y)}{r_j(y)} \tag{11.39}$$

式中，$r_i(y)$ 为最小残差值，$r_j(y)$ 为次小残差值。

$$d_2 = \frac{r_i(a) - r_j(a)}{r_i(a)}$$

(11.40)

式中，$r_i(a)$ 为最大权重和，$r_j(a)$ 为次大权重和。

11.4.4 求解与分类

图 11.3 中，仿真的测试样本数据为明火类型数据。横轴为三类火灾训练样本编号，训练样本中明火类型、阴燃火类型和干扰类型的编号分别为 0~20、21~40 和 41~60。纵轴表示最小化范数得到的 y 在训练样本上的投影系数 x。可以看出，L_1 范数、$L_{3/4}$ 范数、$L_{1/2}$ 范数、$L_{1/4}$ 范数 4 种范数求解时，y 均在所属类型（明火类型）上投影系数较大，在其他类型上投影系数较小。由最小残差法、权重系数和法、综合分类法均能得到正确分类结果。其中，L_1 范数求得的解最为稀疏，$L_{3/4}$ 范数次之。

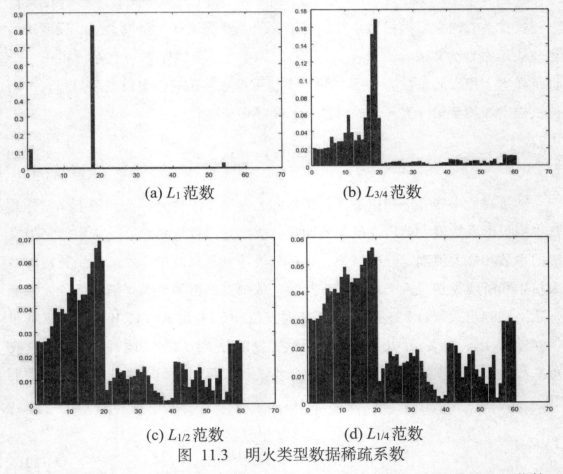

(a) L_1 范数　　　　　　　　(b) $L_{3/4}$ 范数

(c) $L_{1/2}$ 范数　　　　　　　(d) $L_{1/4}$ 范数

图 11.3　明火类型数据稀疏系数

当测试样本为阴燃火灾数据时，得到的仿真结果如图 11.4 所示。L_1 范数、$L_{3/4}$ 范数求解时，y 在所属类型（阴燃类型）上投影系数最大，在其他类型上投影系数较小，由最小残差法、权重系数和法、综合分类法均能得到正确分类结果。而 $L_{1/2}$ 范数、$L_{1/4}$ 范数求解时，y 在干扰类型上投影系数最大，出现偏差。由最小残差法得到的分类结果是干扰，判断错误。由权重系数和法、综合分类法得到的分类结果是阴燃，能得到正确分类结果。

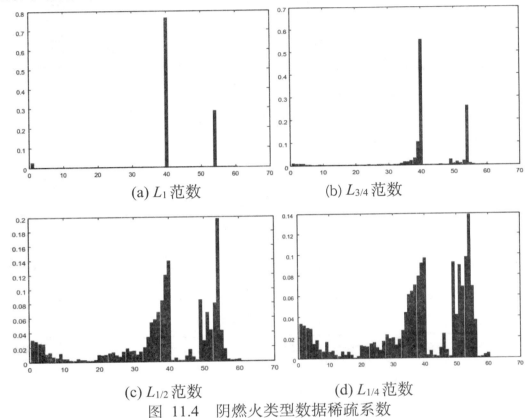

(a) L_1 范数   (b) $L_{3/4}$ 范数

(c) $L_{1/2}$ 范数   (d) $L_{1/4}$ 范数

图 11.4 阴燃火类型数据稀疏系数

当测试样本为干扰类型数据时，得到的仿真结果如图 11.5 所示。可以看出，L_1 范数、$L_{3/4}$ 范数、$L_{1/2}$ 范数、$L_{1/4}$ 范数 4 种范数求解时，y 均在所属类型（干扰类型）上投影系数最大，在其他类型上投影系数较小。由最小残差法、权重系数和法、综合分类法均能得到正确分类结果。其中，L_1 范数和 $L_{3/4}$ 范数可以得到更为稀疏的解，$L_{3/4}$ 范数的效果更优。

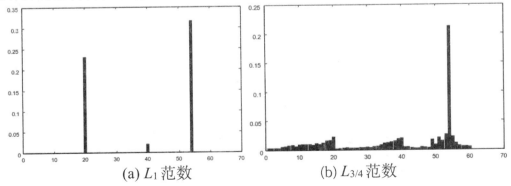

(a) L_1 范数   (b) $L_{3/4}$ 范数

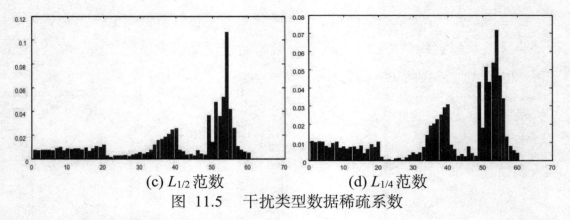

(c) $L_{1/2}$ 范数   (d) $L_{1/4}$ 范数

图 11.5 干扰类型数据稀疏系数

11.4.5 火灾检测结果

每种样本类型选取 20 组数据, 即共 60 组数据作为测试样本, 分别采用不同类型范数及分类方法进行火灾检测, 检测正确组数与正确率如表 11.2 所示。基于 $L_{3/4}$ 范数的综合分类法火灾检测正确率最高, 基于 L_1 范数的最小残差法、权重系数和法、综合分类法的火灾检测结果一致, 基于 $L_{1/4}$ 范数的火灾检测效果最差。就分类方法而言, 综合分类法效果最好, 权重系数和法次之。

表 11.1 识别结果正确率

范数类型 分类方法	L_1 范数	$L_{3/4}$ 范数	$L_{1/2}$ 范数	$L_{1/4}$ 范数
最小残差法	59, 98.33%	57, 95%	43, 71.67%	34, 56.67%
权重系数和法	59, 98.33%	59, 98.33%	48, 80%	39, 65%
综合分类法	59, 98.33%	60, 100%	49, 81.67%	41, 68.33%

11.5 本章小结

本章首先提出了模糊可变窗方法对烟雾浓度、温度和 CO 浓度 3 种火灾参量信号进行特征提取, 然后提出了基于综合分类的稀疏表示方法实现火灾检测, 主要工作如下。

(1) 针对火灾参量信号的发展趋势、变化速度和幅值持续时间等特点, 提出了模糊可变窗方法实现火灾参量信号的特征提取, 火灾参量数据样本包括阴燃、明火和干扰 3 种类型的烟雾浓度、温度、CO 浓度数据。模糊可变窗算法是利用模糊理论对可变窗相对趋势值、斜率值和信号累加值进行推理, 得到应用于火灾检测模型的样本数据。

(2) 利用稀疏表示算法实现火灾检测时, 采用过完备火灾检测样本字典, 并分别利用 L_1 范数、$L_{3/4}$ 范数、$L_{1/2}$ 范数、$L_{1/4}$ 范数求方程稀疏解的方法进行火灾检测，从而找到适合火灾检测的范数类型 L_1 范数和 $L_{3/4}$ 范数。在权重系数法和最小残差法的基础上，提出了综合分类法进行数据样本分类。仿真结果表明，就火灾检测的分类方法而言，综合分类法的火灾识别准确率最高，权重系数法次之，最小残差法最低。总体来看，利用基于 $L_{3/4}$ 范数和综合分类的稀疏表示方法进行火灾检测时准确率最高。

11.6 参考文献

[1] 吴龙标, 袁宏永, 疏学明. 火灾探测与控制工程[M]. 合肥: 中国科学技术大学出版社, 2013.

[2] 何志祥, 孟 超. 基于模糊神经网络的火灾算法研究[J]. 消防科学与技术, 2018, 37(10): 1432-1436.

[3] 邓理文, 刘晓军. 基于模糊神经网络的智能火灾探测方法研究[J]. 消防科学与技术, 2019, 38(4): 522-525.

[4] 杨蜀秦, 宁纪锋, 何东健. 基于稀疏表示的大米品种识别[J]. 农业工程学报, 2011,27(3): 191-195.

[5] 陈思宝, 赵令, 罗斌. 基于核 Fisher 判别字典学习的稀疏表示分类[J]. 光电子激光, 2014,25(10): 89-93.

[6] 王保宪, 赵保军, 唐林波. 基于双向稀疏表示的鲁棒目标跟踪算法[J]. 物理学报, 2014,63(23): 234201-1-234201-11.

[7] 练秋生, 石保顺, 陈书贞. 字典学习模型、算法及其应用研究进展[J]. 自动化学报, 2015,41(2): 240-260.

[8] 齐会娇, 王英华, 丁军, 刘宏伟. 基于多信息字典学习及稀疏表示的 SAR 目标识别[J]. 系统工程与电子技术, 2015, 37(6): 1280-1287.

[9] Emmanuel Candes, Terence Tao. Near optimal signal recovery from random projections: universal encoding strategies[J]. IEEE transactions on information theory. 2006,52(12): 5406-5425.

[10] 张海, 王尧, 常象宇, 徐宗本. $L_{1/2}$ 正则化[J]. 中国科学 E 辑: 信息科学, 2010,40(3): 412-422.

[11] 江疆. 基于稀疏表达的若干分类问题研究[D]. 武汉: 华中科技大学, 2014.

[12] 赵晓龙. 安防系统中的基于稀疏表示的人脸识别研究[D]. 西安: 西北大学, 2014.

[13]Na Qu , Jianhui Wang, and Jinhai Liu. An Arc Fault Detection Method Based on Multidictionary Learning, Mathematical Problems in Engineering, 2018, 2018(12): 1~8 .